建筑工人技能培训教程

砌 筑 工

本书编委会 编

中国建筑工业出版社

图书在版编目（CIP）数据

砌筑工/本书编委会编. —北京：中国建筑工业
出版社，2016.10
　建筑工人技能培训教程
　ISBN 978-7-112-19851-1

　Ⅰ.①砌…　Ⅱ.①本…　Ⅲ.①砌筑-技术培训-
教材　Ⅳ.①TU754.1

　中国版本图书馆 CIP 数据核字（2016）第 222878 号

建筑工人技能培训教程
砌　筑　工
本书编委会　编

*

中国建筑工业出版社出版、发行（北京西郊百万庄）
各地新华书店、建筑书店经销
霸州市顺浩图文科技发展有限公司制版
北京同文印刷有限责任公司印刷

*

开本：850×1168 毫米　1/32　印张：4⅛　字数：109 千字
2016 年 12 月第一版　　2016 年 12 月第一次印刷
定价：**16.00** 元
ISBN 978-7-112-19851-1
（29375）

本书是《建筑工人技能培训教程》中的一本。全书共分7章，包括砌筑材料、砌体施工工具及机械、砖砌体工程施工、石砌体的砌筑施工、配筋砌体构件施工、砌筑工程的季节施工、砌筑施工安全技术及劳动保护。

责任编辑：王华月　范业庶　张　磊
责任设计：李志立
责任校对：王宇枢　李欣慰

本书编委会

主　　编：赵志刚　高克送

副 主 编：叶有福　郝雁锋　林王剑

参编人员：方　园　张海林　赵玉泽　杨　凡　赵雅楠

　　　　　邢志敏　杨　超　杜金虎　张院卫　章和何

　　　　　曾　雄　陈少东　乌兰图雅　操岳林

　　　　　黄明辉　朱　健　李大炯　钱传彬　刘建新

　　　　　刘　桐　闫　冬　唐福钧　娄　鹏　陈德荣

　　　　　陈　曦　艾成豫　龚　聪　韩　潇

丛 书 前 言

国民经济的快速发展带来了建筑业的繁荣，建筑市场的蓬勃发展为我国建筑企业提供了良好的发展前景，然而竞争的日趋激烈，企业的竞争就是人才的竞争，而建筑业人才的问题已成为影响和制约我国企业走向国际市场的主要因素。现如今我国建设队伍正面临前所未有的重大发展机遇和挑战，承担着巨大的历史责任，存在建筑工人业务能力不高，专业知识缺乏，而我们所有建设项目的质量决定着我国国民经济的运行质量和资产质量。建立一支规模宏大、素质较高、结构合理的建设人才队伍已成为当务之急，培养一支技术过硬、德才兼备的员工队伍，是新形势下建筑企业面临的一项重要任务。

随着社会的发展和建筑行业的新常态，建筑市场应用型人才受到越来越多的企业青睐。建筑施工技工的数量也急剧增加，在国家提倡多层次办学以及应用型人才实际需要的情况下，根据建筑工程施工职业技能标准，本书编委会特地为高职高专、大中专土木工程类学生、土木工程技术管理人员、建筑从业技工编写的培训教材和参考书籍。

本系列丛书共分9本，根据不同工种职业操作技能，结合在建筑工程中实际的应用，针对建筑工程施工工艺、质量要求、操作方法及工作特点等作了具体、详细的阐述。

本丛书优点：

（1）本书系统地介绍了工人应了解的知识要点和操作方法，以图文并茂的形式展现理论和实践，让初学者快速入门，学而不厌，很快掌握现场施工要点。

（2）本书资料翔实、内容丰富、图文并茂，增加了施工的具体操作及方法，丰富工人的具体技能，适用于各专业工长、技术员以及刚入行或将要入行的人员等。

（3）本丛书精选施工现场常用的、重要的施工方法等知识要点，着重培养应用型人才，为建筑行业注入活力，提高人员操作水平，提高建筑施工质量，让其在建筑行业的从业者中脱颖而出，成为施工高手。

本丛书在内容上，力求做到简明实用，便于读者自学和掌握，由于学识和经验有限，尽管尽心尽力，但书中难免有疏漏或未尽之处，恳请有关专家和广大读者提出宝贵的意见。

2015 年 6 月

本 书 前 言

近年来，我国采用新型墙体材料建成了一大批具有不同风格和不同墙体构造类型的建筑物。墙体改革已经发展到了一个新的阶段。为了满足社会发展需求，高职高专、大中专土木工程类学生及土木工程技术与项目管理人员和工人能够接受为目的，编制切实可行的砌筑工程实用的参考书籍。涉及砌筑工程的内容比较全面：砌筑材料、砌体施工工具及机械、砖砌体工程施工、石砌体的砌筑施工、配筋砌体构件施工、砌筑工程的季节施工、砌筑施工安全技术及劳动保护等内容。

通过本书的学习，您将有以下收获：

（1）了解砌体工程的概念，熟悉砌体工程材料及作业条件。

（2）掌握砌体材料的种类形式、施工工具及机械的使用。

（3）掌握常见砌体的工艺流程，熟悉施工要点。

（4）掌握砌体工程专业质量验收规范的主控项目、一般项目与质量控制资料的基本内容。

（5）熟悉砌体工程安全技术交底的基本要点。

编制过程中通过砌筑工种的基本内涵、基本作用及目的、基本操作流程来达到"会用、实用、够用"的原则，以浅显易懂、重实用为方针进行编撰。

本书由北京城建北方建设有限责任公司赵志刚担任主编，由中国建筑第八工程局有限公司高克送担任第二主编；由叶有福、北京华银科技集团有限公司郝雁锋、五洋建设集团股份有限公司林王剑、担任副主编。由于编者水平有限，书中难免有不妥之处，欢迎广大读者批评指正，意见及建议可发送至邮箱bwhzj1990@163.com。

2015 年 6 月

目　录

第 1 章 砌 筑 材 料

1.1 砌体结构用砖

1.1.1 烧结普通砖

国家标准《烧结普通砖》GB 5101—2003 规定，凡以黏土、页岩、煤矸石和粉煤灰等为主要原料，经成型、焙烧而成的实心或孔洞率不大于 15% 的砖，称为烧结普通砖。烧结普通砖分烧结黏土砖、烧结页岩砖、烧结煤矸石砖、烧结粉煤灰砖等。烧结普通砖中的黏土砖，因其毁田取土、能耗大、块体小等缺点，在我国主要大、中城市及地区已被禁止使用。烧结普通砖通常尺寸为 240mm × 115mm × 53mm，配砖规格 175mm × 115mm × 53mm，有 MU30、MU25、MU20、MU15、MU10 五个等级。烧结普通砖如图 1-1 所示。

1.1.2 蒸压灰砂砖

蒸压灰砂砖以适当比例的石灰和石英砂、砂或细砂岩，经磨细、加水拌和、半干法压制成型并经蒸压养护而成，是替代烧结黏土砖的产品，如图 1-2 所示。砖的规格尺寸为 240mm×115mm

图 1-1 烧结普通砖

×53mm。测试结果证明，蒸压灰砂砖，既具有良好的耐久性能，又具有较高的墙体强度。蒸压灰砂砖不得用于长期受热 200℃以上、受急冷急热和有酸性介质腐蚀的建筑部位。

1.1.3 粉煤灰砖

粉煤灰砖的主要原材料是 粉煤灰、石灰、石膏、电石渣、电石泥等工业废弃固态物，如图 1-3 所示。粉煤灰砖用于基础或用于易受冻融和干湿交替作用的建筑部位必须使用一等砖与优等砖。同时，粉煤灰不得用于长期受热，受急冷急热和有酸性介质侵蚀的部位，有抗折、抗压、体轻、保温、隔声、外观好等特点。通常尺寸为 240mm×115mm×53mm，有 MU20、MU15、MU10、MU7.5 四个等级。

图 1-2　蒸压灰砂砖

图 1-3　蒸压灰砂砖

1.1.4　烧结多孔砖

图 1-4　烧结多孔砖

烧结多孔砖以黏土、页岩、煤矸石、粉煤灰、淤泥（江河湖淤泥）及其他固体废弃物等为主要原料，经焙烧而成，孔洞率不大于 35%，孔的尺寸小而数量多，主要用于承重部位。砖的外形一般为直角六面体，在与砂浆的结合面上应设有增加结合力的粉刷槽和砌筑砂浆槽，有体轻、保温、隔音等特点。烧结多孔砖砖规格尺寸（mm）：290、240、190、180、140、115、90。烧结多孔砖根据抗压强度、变异系数分为 MU30、MU25、MU20、MU15、MU10 五个等级。烧结多孔砖如图 1-4 所示。

1.1.5　煤渣砖

煤渣砖是指以煤渣为主要原料，掺入适量石灰、石膏，经混

合、压制成型或蒸压而成的
实心煤渣砖。煤渣砖是一种
保温节能型轻质墙体材料，
如图 1-5 所示。

1.1.6 矿渣砖

矿渣砖通指由金属冶炼
过程排放的废渣在经加工烧
制而成的砖块，如图 1-6
所示。

图 1-5 煤渣砖

1.1.7 碳化灰砂砖

碳化灰砂砖系以石灰、砂子和微量石膏为主要原料，经坯料
制备、压制成型后，利用石灰窑废气二氧化碳进行碳化而成的砌
体材料。碳化灰砂砖一般按标号区分使用，150 号砖用于基础及
其他部位和受潮部位；100 号砖用于防潮层以上的建筑部位；75
号砖一般用于临时性建筑。上述各强度砖均可用于长期受热低于
200°的部位。碳化灰砂砖（图 1-7）在水流冲刷及严重化学侵蚀
等处，不得使用。砖在施工前不宜浇水。

图 1-6 矿渣砖　　　　　　　图 1-7 碳化灰砂砖

1.1.8 煤矸石砖

煤矸石砖的主要成分是煤矸石。煤矸石是采煤过程和洗煤过
程中排放的固体废物。实心砖和多孔砖多用于承重结构墙体，空
心砖多用于非承重结构墙体，如图 1-8 所示。

图 1-8　煤矸石砖

1.2　砌体工程用小型砌块

1.2.1　蒸压加气混凝土砌块

蒸压加气混凝土砌块的单位体积重量是黏土砖的三分之一，保温性能是黏土砖的 3～4 倍，隔声性能是黏土砖的 2 倍，抗渗性能是黏土砖的一倍以上，耐火性能是钢筋混凝土的 6～8 倍，如图 1-9 所示。

主要用于建筑物的外填充墙和非承重内隔墙，也可与其他材料组合成为具有保温隔热功能的复合墙体，但不宜用于最外层，产品龄期不少于 28d。蒸压加气混凝土砌块如无有效措施，不得用于下列部位：建筑物标高±0.000 以下；长期浸水、经常受干湿交替或经常受冻融循环的部位；受酸碱化学物质侵蚀的部位以及制品表面温度高于 80℃ 的部位。长度：600mm。

宽度：100、120、125、150、180、200、240、250、300mm。

高度：200、240、250、300mm。

1.2.2　普通混凝土小型空心砌块

混凝土小型空心砌块（简称混凝土小砌块）是以水泥、砂、石等普通混凝土材料制成的，如图 1-10 所示。混凝土小型空心砌块主规格尺寸为 390mm×190mm×190mm。小砌块采用自然养护时，必须养护 28d 后方可使用；出厂时小砌块的相对含水率必须严格控制在标准规定范围内；小砌块在施工现场堆放时，必须采用防雨措施；浇筑前，小砌块不允许浇水预湿。优点：自重轻，热工性能好，抗震性能好，砌筑方便，墙面平整度好，施工效率高等。弱点：块体相对较重、易产生收缩变形、易破损、不便砍削加工等，处理不当，砌体易出现开裂、漏水、人工性能降低等质量问题。砌筑普通混凝土小型空心砌块砌体，不需对小砌块浇水湿润，如遇天气干燥炎热，宜在砌筑前对其喷水湿润。

图 1-9　蒸压加气混凝土砌块　　图 1-10　普通混凝土小型空心砌块

1.2.3　轻骨料混凝土小型空心砌块

轻骨料混凝土小型空心砌块是以水泥和轻质骨料为主要原料，按一定的配合比拌制成轻骨料混凝土拌合物，经砌块成型机成型与适当养护制成的轻质墙体材料，如图 1-11 所示。主砌块和辅助砌块的规格尺寸与普通混凝土小型空心砌块相同，密度比普通混凝土小型空心砌块小。

1.2.4　粉煤灰砌块

粉煤灰砖是以粉煤灰、石灰为主要原料，掺加适量石膏、外加剂和集料等，经坯料配制、轮碾碾压、机械成型、水化和水热合成反应而制成的实心粉煤灰砖，具有容重小（能浮于水面）、保温、隔热、节能、隔声效果优良、可加工性好等

5

优点。粉煤灰砖的长为 240mm、宽为 115mm、高为 53mm，如图 1-12 所示。

图 1-11　轻骨料混凝土小型空心砌块　　图 1-12　粉煤灰砌块

1.2.5　粉煤灰小型空心砌块

粉煤灰小型空心砌块后期强度高，韧性、保温抗渗性好，主要规格尺寸为 390mm×190mm×190mm，如图 1-13 所示。

1.2.6　石膏砌块

石膏砌块具有隔声防火、施工便捷等多项优点，是一种低碳环保、健康、符合时代发展要求的新型墙体材料。主要规格为长度 666mm（600），高度 500mm，宽度 60、80、90、100、120、150、200mm，如图 1-14 所示。

图 1-13　粉煤灰小型空心砌块　　图 1-14　粉煤灰小型空心砌块

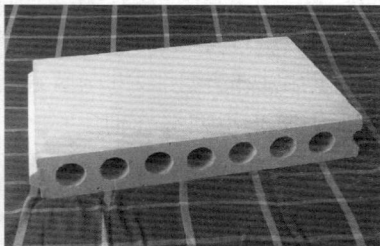

1.3 砌体结构用石

1.3.1 毛石

毛石常用于砌筑基础、勒脚、墙身、堤坝、挡土墙等，也可配制片石混凝土等，如图 1-15 所示。

1.3.2 料石

料石，是由人工或机械开拆出的较规则的六面体石块，用来砌筑建筑物用的石料，按其加工后的外形规则程度可分为：毛料石，粗料石，半细料石和细料石四种。毛、粗料石主要应用于建筑物的基础、勒脚、墙体部位，半细料石和细料石主要用作镶面的材料，如图 1-16 所示。

图 1-15 毛石

图 1-16 料石

1.4 砌筑砂浆

1.4.1 砌筑砂浆的种类

砂浆可分为水泥砂浆、石灰砂浆和混合砂浆等几种。

水泥砂浆和混合砂浆用可于砌筑潮湿环境和强度要求较高的砌体，对基础，一般只用水泥砂浆。石灰砂浆宜用于砌筑干燥环境中以及强度要求不高的砌体，不宜用于潮湿环境的砌体。

1.4.2 砌筑砂浆原材料

水泥是砂浆的主要胶凝材料，常用的水泥品种有普通水泥、矿渣水泥、火山灰水泥、粉煤灰水泥和复合水泥等，具有可根据设计要求、砌筑部位及所处的环境条件选择适宜的水泥品种。选择中低强的水泥即能满足要求。砂浆采用的水泥，其强度等级宜为 42.5 级。水泥品种的选择与混凝土相同。水泥标号应为砂浆强度等级的 4～5 倍，水泥标号过高，将使水泥用量不足而导致保水性不良。石灰膏和熟石灰不仅是作为胶凝材料，更主要的是使砂浆具有良好的保水性。

砂浆拌合用水与混凝土拌合水的要求相同，应选用无有害杂质的洁净水来拌制砂浆。

砂中黏土含量应不大于 5%。砂的最大粒径一般不大于2.5mm。作为勾缝和抹面用的砂浆，最大粒径不超过 1.25mm，砂的粗细程度对水泥用量、和易性、强度和收缩性影响很大。砂宜用过筛中砂，毛石砌体宜用粗砂。

建筑生石灰、建筑生石灰粉熟化成石灰膏，其熟化时间分别不得少于 7c 和 2d。沉淀池中贮存的石灰膏，应防止干燥、冻结和污染，严禁采用脱水硬化的石灰膏。建筑生石灰粉、消石灰粉不得替代石灰膏配制水泥石灰砂浆。

在砂浆中掺入的砌筑砂浆增塑剂、早强剂、缓凝剂、防冻剂、防水剂等砂浆外加剂，其品种和用量应经有资质的检测单位检验和试配确定。所用外加剂的技术性能应符合国家现行标准《砌筑砂浆增塑剂》JG/T 164—2004、《混凝土外加剂》GB 8076—2008、《砂浆、混凝土防水剂》JC 474—2008 的质量要求。

1.4.3 砂浆配合比

砂浆强度等级按照图纸说明进行施工，提前送实验室进行试配，得出施工配合比，材料变化时需再次进行试配。

如砂浆配合比为水泥：砂：水＝100：644：96，意思是每100kg 水泥需要 644kg 砂、95kg 水。每袋水泥重 50kg，则每袋水泥需要 322kg 砂（每斗车砂约重）和 47.5kg 水。

1.4.4 砂浆的拌制及使用

按照配合比计算出各组分重量后，使用地磅称量符合要求后，投入搅拌机中使用。投入顺序为先投入水泥和砂，待搅拌均匀后再加入水。

搅拌时间不得少于 2min。当掺加外加剂时，搅拌时间不得少于 3min。掺用外加剂时，应先将外加剂按规定浓度溶于水中，在拌合水投入时投入外加剂溶液，外加剂不得直接投入拌制的砂浆中。砂浆应随拌随用。砂浆必须分别在拌好后 3h 内使用完毕，如施工期间最高气温超过 30℃时，必须分别在 2h 内使用完毕。

1.4.5 砂浆见证取样与试验

检验方法：在砂浆搅拌机出料口或在湿拌砂浆的储存容器出料口随机取样制作砂浆试块（现场拌制的砂浆，同盘砂浆只应作 1 组试块）。试块标养 28d 后作强度试验。预拌砂浆中的湿拌砂浆稠度应在进场时取样检验。当施工中或验收时出现下列情况，可采用现场检验方法对砂浆或砌体强度进行实体检测，并判定其强度：

（1）砂浆试块缺乏代表性或试块数量不足；

（2）对砂浆试块的试验结果有怀疑或有争议；

（3）砂浆试块的试验结果，不能满足设计要求；

（4）发生工程事故，需要进一步分析事故原因。

砌筑砂浆试块强度验收时其强度合格标准应符合下列规定：（1）同一验收批砂浆试块强度平均值应大于或等于设计强度等级值的 1.10 倍；（2）同一验收批砂浆试块抗压强度的最小一组平均值应大于或等于设计强度等级值的 85％。砌筑砂浆的验收批，同一类型、强度等级的砂浆试块不应少于 3 组；同一验收批砂浆只有 1 组或 2 组试块时，每组试块抗压强度平均值应大于或等于设计强度等级值的 1.10 倍。

第 2 章 砌体施工工具及机械

2.1 砌体施工工具

2.1.1 手工工具

手工工具如图 2-1～图 2-8 所示。

（1）瓦刀：用于涂抹，摊铺砂浆，砍砖块的工具。

（2）大铲：用于铲灰、铺灰和刮浆，也可以在操作中用它随时调和砂浆。

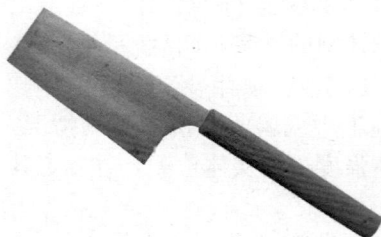

图 2-1　瓦刀　　　　　　　　　　图 2-2　大铲

（3）砖夹：夹持砖块，用于砖块的装卸。

（4）手锯：用于切割砖块、砌块。

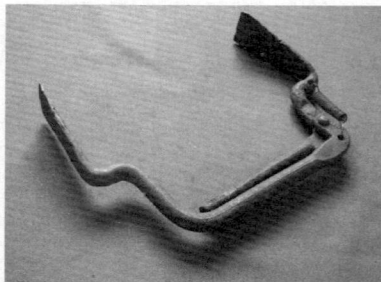
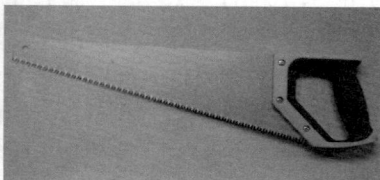

图 2-3　砖夹　　　　　　　　图 2-4　手锯

（5）线坠：也叫线锤，用于物体的垂直度测量。

图 2-5　线坠

（6）靠尺：用于检测墙、柱的垂直度和平整度。

图 2-6　靠尺

（7）橡胶锤：敲击砖或砌块，使砖或砌块与砂浆结合紧密。

图 2-7　橡胶锤

（8）铁铲：用于铲砂、石、水泥等材料。

图 2-8　铁铲

2.1.2　备料工具

备料工具如图 2-9、图 2-10 所示。

（1）筛子：主要用于筛砂。

（2）手推车：用于运输砖、砌块等材料。

图 2-9　筛子

图 2-10　手推车

2.2　常用砌体结构施工机械

2.2.1　砂浆搅拌机

搅拌机，是一种带有叶片的轴在圆筒或槽中旋转，将多种原料进行搅拌混合，使之成为一种混合物或适宜稠度的机器。搅拌机及自动供料机，必须把里面清洗干净，尤其是冬天，这样能延长寿命，如图 2-11 所示。

（1）搅拌机应设置在平坦的位置，用方木垫起前后轮轴，使轮胎搁高架空，以免在开动时发生走动。

（2）搅拌机应实施二级漏电保护，上班前电源接通后，必须仔细检查，经空车试转认为合格，方可使用。试运转时应检验拌筒转速是否合适，一般情况下，空车速度比重车（装料后）稍快

图 2-11　砂浆搅拌机

2～3 转，如相差较多，应调整动轮与传动轮的比例。

（3）拌筒的旋转方向应符合箭头指示方向，如不符实，应更正电机接线。

（4）检查传动离合器和制动器是否灵活可靠，钢丝绳有无损坏，轨道滑轮是否良好，周围有无障碍及各部位的润滑情况等。

（5）开机后，经常注意搅拌机各部件的运转是否正常。停机时，经常检查搅拌机叶片是否打弯，螺丝有否打落或松动。

（6）当混凝土搅拌完毕或预计停歇 1h 以上，除将余料出净外，应用石子和清水倒入抖筒内，开机转动，把粘在料筒上的砂浆冲洗干净后全部卸出。料筒内不得有积水，以免料筒和叶片生锈。同时还应清理搅拌筒外积灰，使机械保持清洁完好。

（7）下班后及停机不用时，应拉闸断电，并锁好开关箱，以确保安全。

2.2.2　垂直运输设备

1. 施工电梯

施工电梯是由轿厢、驱动机构、标准节、附墙、底盘、围

栏、电气系统等几部分组成，是建筑中经常使用的载人载货施工机械，如图 2-12 所示。

施工电梯必须由持有作业证的专业人员操作，其他人员不得操作施工电梯。

2. 物料提升机

物料提升机在建筑施工中兼作材料运输使用，实现起重机械化。可减少人力，降低生产运营成本，提高工作效率，如图2-13所示。龙门架必须由持有作业证的专业人员操作，其他人员不得操作施工电梯。

其他要求：

图 2-12　施工电梯　　　　　图 2-13　施工电梯

（1）物料提升机操作（拼装）完成后，应进行负荷试吊；试

吊分为静载和动载，检查各个系统运行能力、承载能力、稳定可靠程度等。

（2）物料提升机运行时，要做到平行稳定，不使其产生扭曲。

（3）严禁超负荷使用。

（4）作业时应有专人统一指挥，其他人员要有明确分工；确定好统一的联络信号。

（5）作业中遇有停电或其他特殊情况，应将重物落至地面，不得悬在空中。

（6）物料提升机及吊起的重物下严禁站人。

（7）物料提升机禁止运人。

2.3 砌筑用脚手架

2.3.1 外脚手架

外脚手架是指搭设在外墙外面的脚手架。其主要结构形式有钢管扣件式、碗扣式、门式、方塔式、附着式升降脚手架和悬扣脚手架等。

1. 钢管扣件式脚手架

钢管构件式脚手架的构造：钢管扣件式脚手架主要由钢管和扣件组成。主要杆件有立杆、大横杆、小横杆、斜杆和底座等。钢管扣件式脚手架有双排式和单排式两种。扣件用于钢管之间的连接，基本形式有三种：

（1）对接扣件用于两根钢管的对接连接；

（2）旋转扣件用于两根钢管呈任意角度交叉的连接；

（3）直角扣件用于两根钢管呈垂直交叉的连接。

双排脚手架的构造情况如图 2-14 所示。

2. 碗扣式脚手架

碗扣型多功能脚手架接头构造合理，制作工艺简单，作业容易，使用范围广，能充分满足房屋、桥涵、隧道、烟囱、水塔等多种建筑物的施工要求。与其他类型脚手架相比，碗扣型多功能

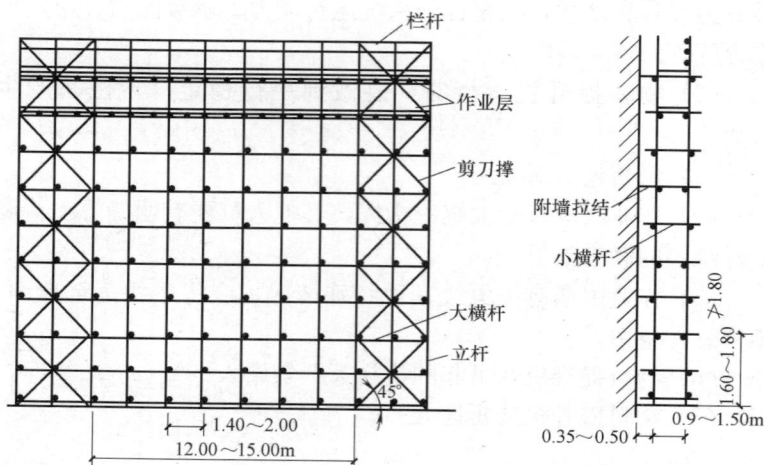

图 2-14 双排脚手架

图 2-15 碗扣式脚手架

脚手架是一种有广泛发展前景的新型脚手架。具有多功能、高功效、通用性强、承载力大、安全可靠、易于加工、不易丢失、维修少、便于管理、易于运输等优点，如图 2-15 所示。

3. 门式钢管脚手架

由门式框架、剪刀撑和水平梁架或脚手板构成基本单元，将基本单元连接起来既构成整片脚手架。门式脚手架又称多功能门式脚手架，是目前国际上应用最普遍的脚手架之一，如图 2-16 所示。

2.3.2 悬挑式脚手架

1. 悬挑脚手架（简称"挑脚手架"）

为采用悬挑方式支固的脚手架，其挑支方式又有 3 种，如图 2-17 所示。

（1）架设于专用悬挑梁上；

（2）架设于专用悬挑三角桁架上；

（3）架设于由撑拉杆件组合的支挑结构上。其支挑结构有斜撑式、斜拉式、拉撑式和顶固式等多种。

2. 附墙悬挂脚手架（简称"挂脚手架"）

在上部或（和）中部挂设于墙体挑挂件上的定型脚手架。

3. 悬吊脚手架（简称"吊脚手架"）

悬吊于悬挑梁或工程结构之下的脚手架。当采用篮式作业架时，称为"吊篮"。

图 2-16　门式脚手架

4. 附着升降脚手架（简称"爬架"）

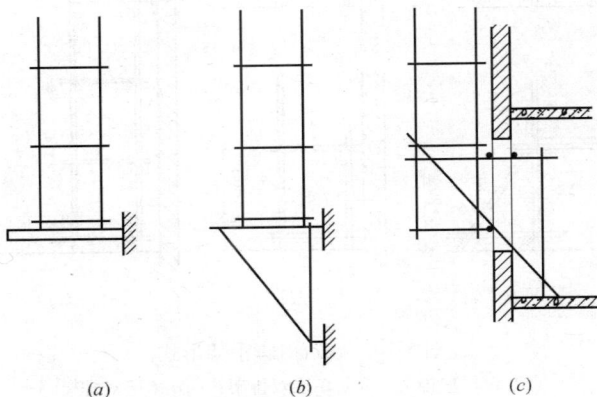

(a)　　　　　　(b)　　　　　　(c)

图 2-17　悬挑式脚手架示意图

(a) 悬挑梁；(b) 悬挑三角桁架；(c) 杆件支挑结构

附着于工程结构、依靠自身提升设备实现升降的悬空脚手架（其中实现整体提升者，也称为"整体提升脚手架"）。

5. 水平移动脚手架

带行走装置的脚手架（段）或操作平台架。

2.3.3 内脚手架

内脚手架为室内作业架。

内脚手架依作业要求和场地条件搭设，常为"一"字形的分段脚手架，可采用双排或单排架。为装修作业架时，铺板宽度不少于2块板或0.6m；为砌筑作业架时，铺板3～4块，宽度应不小于0.9m。当作业层高>2.0m时，应按高处作业规定，在架子外侧设栏杆防护；用于高大厂房和厅堂的高度>4.0m的内脚手架应参照外脚手架的要求搭设。用于一般层高墙体的砌筑作业架，应设置必要的抛撑，以确保架子稳定。单层抹灰脚手架的构架要求虽较砌筑架低，但必须保证稳定、安全和操作的需要。砌筑用里脚手架的构架形式示如图2-18所示。

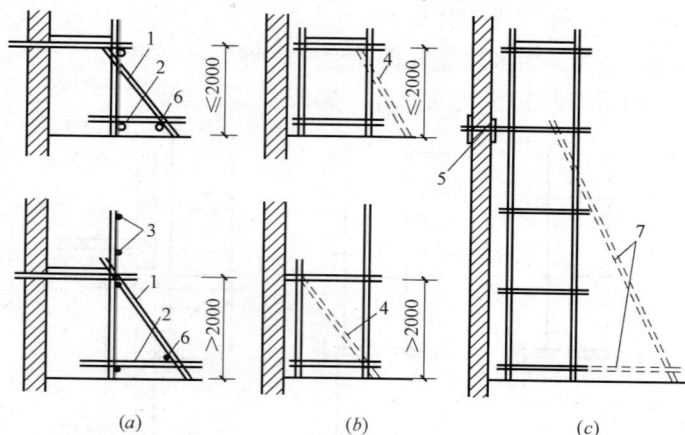

图2-18 砌筑内脚手架形式

（a）单层单排架；（b）单层双排架；（c）多层双排架

1—抛撑；2—扫地杆；3—栏杆；4—视需要设置的斜杆和抛撑；

5—连墙点；6—纵向联结杆；7—无连墙件的设置的抛撑

2.3.4 脚手架搭设

脚手架的搭设作业应遵守以下规定：

（1）搭设场地应平整、夯实，并设置排水措施。

（2）立于土地面之上的立杆底部应加设宽度≥200m、厚度≥50mm 的垫木、垫板或其他刚性垫块，每根立杆的支垫面积应符合设计要求且不得小于 0.15m²。

（3）底端埋入土中的木立杆，其埋置深度不得小于 500mm，且应在坑底加垫后填土夯实。使用期较长时，埋入部分应作防腐处理。

（4）在搭设之前，必须对进场的脚手架杆配件进行严格的检查，禁止使用规格和质量不合格的杆配件。

第3章 砖砌体工程施工

3.1 砌筑用砖的现场组砌

3.1.1 砌砖工艺流程

（1）选砖：用于清水墙、柱表面的砖，应边角整齐，色泽均匀。

（2）砖浇水：砖应提前 1～2d 浇水湿润，现场检验砖含水率的简易方法采用断砖法，当砖截面四周融水深度为 15～20mm 时，视为符合要求的适宜含水率。如图 3-1 所示。

（3）校核放线尺寸：应用钢尺校核放线尺寸，如图 3-2 所示。

图 3-1 砖浇水   图 3-2 放线校核

（4）选择砌筑方法：宜采用"三一"砌筑法。当采用铺浆法砌筑时，铺浆长度不得超过 750mm，施工期间气温超过 30℃时，铺浆长度不得超过 500mm，如图 3-3 所示。

（5）设置皮数杆：在砖砌体转角处、交接处应设置皮数杆，皮数杆上标明砖皮数、灰缝厚度及竖向构造的变化部位。皮数杆间距不应大于 15m 在相对两皮数杆的砖上边线处拉准线，如图 3-4 所示。

图 3-3　"三一"砌筑法　　　　　图 3-4　设置皮数杆

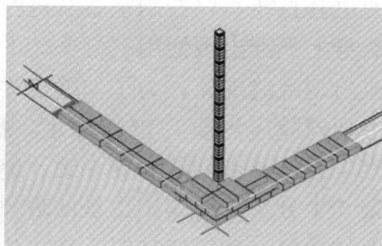

（6）清理：清除砌筑部位处所残存的砂浆杂物。

（7）砌砖：按照交底要求砌筑砌块，注意需勾缝，如图 3-5 所示。

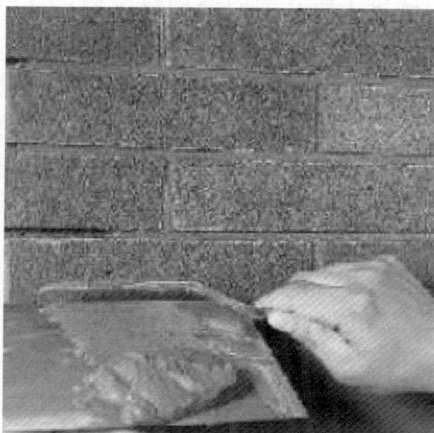

图 3-5　勾缝

3.1.2　砖砌体的组砌要求

（1）砖砌体的组砌必须上下错缝、内外搭砌，不能形成通缝和内外分离的现象，因此要求无论清、混水墙中砖缝搭接不得少于 1/4 的砖长。砌筑清水墙时，使用的砖应边角整齐、色泽均匀。为了保证清水墙面竖向灰缝的垂直度，应在每砌完一步脚手架高度时，在墙面水平间距每隔 2m 处，于丁砖立棱位置处弹放两道垂直线，以控制垂直灰缝左右摇摆形成的游丁走缝。在清水墙身上不准出现使用三分头砖的情况，并不得随意改变组砌方式或出现乱缝现象，为了勾缝工序的方便，灰缝应随砌随划缝，考虑到勾缝还需要一定的深度，因此划缝的深度以 8～12mm 为宜，并且要求划缝深度一致、缝内保持清洁。砌筑混水墙时，严禁"半分头"砖集中出现的现象，也不能有 3 皮砖及其 3 皮砖以上的通缝。砌筑砖柱时不得采用包心砌筑法，柱面上下皮的竖缝应相互错开 1/2 或 1/4 的砖长，使柱心避免通天缝，有些地区砖柱之所以发生倒塌事故，经分析除众多原因之外，还与采用包心砌筑形式有关。

（2）排砖摆底（干摆砖），如图 3-6 所示，一般外墙第一层砖摆底时，两山墙排丁砖，前后纵墙排条砖，变形缝、伸缩缝、沉降缝两侧的墙体可视为外墙。窗口处若有破活，七分头或丁砖应排在窗口中间以及附墙垛旁或其他不明显处。

（3）砌砖前应先盘角：第一次盘角不要超过五皮，对新盘的大角应进行吊靠，如有偏差要及时修整。盘角时要仔细对照皮数杆的砖层和标高，控制好灰缝的厚度，使水平灰缝均匀一致，真正起到对其余砌体的指导作用，盘角砌筑如图 3-7、图 3-8 所示，盘角需要采用"七分头"砖，长度 178mm。

图 3-6　排砖摆地

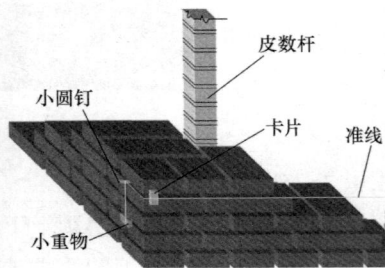

皮数杆
小圆钉
卡片
准线
小重物

图 3-7　砌筑盘角

22

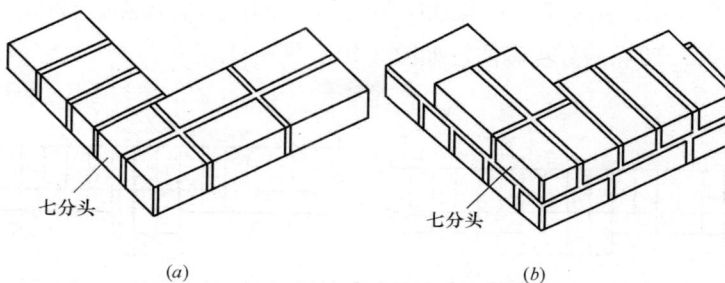

七分头 (a)　　七分头 (b)

图 3-8　盘角排砖

（4）挂线：砌筑墙厚在 360mm（习惯上称三七墙或一砖半墙）及以上的砖墙必须双面挂线，如果几个人同时在较长的墙体上使用一根通线，中间应设几个支线点，小线一定要拉紧，每层砖都要看平，使水平缝均匀一致、平直通顺，砌筑一砖厚时，应当采用外手挂线，如图 3-9 所示。

图 3-9　砌筑挂线

3.1.3　砖垛的组砌方法

砖垛应于所附砖墙同时砌起。

砖垛的最小断面尺寸为 120mm×240mm。

砖垛应隔皮与砖墙搭砌，搭砌长度不应小于 1/4 砖长。砖垛外表面上下皮垂直灰缝应相互错开 1/2 砖长，砖垛内部应尽量减少通缝，为错缝需要应加砌配砖。

如图所示是一砖半厚墙附 120mm×490mm 砖垛和附 240mm×365mm 砖垛的分皮砌法，如图 3-10、图 3-11 所示。

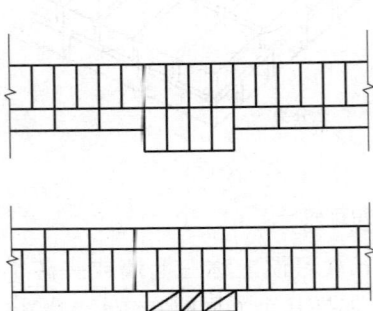 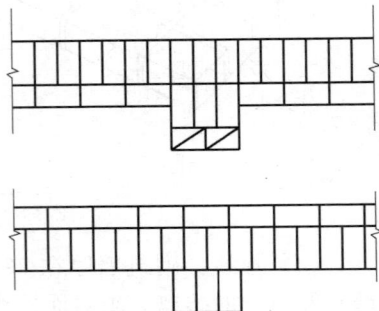

图 3-10　120mm×490mm 垛　　　图 3-11　240mm×365mm 垛

3.2　砖砌体的砌筑方法

3.2.1　"三一"砌砖法

三一砌筑法是砌筑工程作业中最常使用的一种方法。它是指一块砖、一铲灰、一挤揉（简称"三一"），并随手将挤出的砂浆刮去的砌筑办法。分为以下三个步骤：

铲灰取砖：在砌筑过程中，最理想的操作方法是将铲灰和取砖合为一个动作进行。先是右手利用工具勾起侧码砖的丁面，左手随之取砖，右手再铲灰。当施工人员拿砖的时候，一般也要做好下一块砖的拿起准备，以确定下一个动作目标，这样有利于提高工效。铲灰量凭操作者的经验和技艺来确定，以一铲灰刚好能砌一块砖为准。

铺灰：砌条砖铺灰主要是采取正铲甩灰以及反扣两个动作，其中甩的动作应用于砌筑离身较远且工作面较低的砖墙，甩灰时握铲的手利用手腕的挑力，将铲上的灰拉长而均匀地落在操作面上。扣的动作应用于正面对墙、操作面较高的近身砖墙，扣灰时握铲的手利用手臂的前推力将灰条扣出。砌三七墙的里丁砖，采取扣灰刮虚尖的动作，铲灰要呈扁平状大铲尖部的灰要少，扣出灰要前部高后部低，随即用铲刮虚尖灰，使碰头缝灰浆挤严。当砌三七墙的外丁砖的时候，铲灰一般会呈扁平状，而且灰的厚薄要一致，由外往里平拉铺灰，采取泼的动作。平拉反腕泼灰用于侧身砌较远的外丁砖墙，平拉正腕泼灰用于砌近身正面的外丁砖墙。

揉挤：灰铺好后，左手拿砖在离已砌好的砖约 30～40mm 处开始平放，并稍稍蹭着灰面，将灰浆刮起一点到砖顶头的竖缝里。然后，将砖揉一揉，顺手用大铲把挤出墙面的灰刮起来，再甩到竖缝里。揉砖时要做到上看线下看墙，做到砌好的砖下跟砖棱，上跟挂线。

3.2.2 "二三八一"砌砖法

"二三八一"砌砖法指把砌筑工砌砖的动作过程归纳为 2 种步法、3 种弯腰姿势、8 种铺灰手法、1 种挤浆动作的砌砖操作方法。

（1）操作步骤：铲灰取砖→大铲铺灰→摆砖揉挤。

（2）砌砖动作：铲灰和拿砖→转身铺灰→挤浆和接刮余灰→甩出余灰。

（3）2 种步法（丁字步和并列步）

1）操作者背向砌筑前进方向退步砌筑。开始砌筑时，斜站成步距约 0.8m 的丁字步。

2）左脚在前（离大角约 1m），右脚在后（靠近灰斗），右手自然下垂可方便取灰，左脚稍转动可方便取砖。

3）砌完 1m 长墙体后，左脚后撤半步，右脚稍移动成并列步，面对墙身再砌 0.5m 长墙体。在并列步时，两脚稍转动可完成取灰和取砖动作。

4）砌完 1.5m 长墙体后，左脚后撤半步，右脚后撤一步，站成丁字步，再继续重复前面的动作。

（4）3 种弯腰姿势

1）侧身弯腰用于丁字步姿势铲灰和取砖，如图 3-12（a）所示。

2）丁字步正弯腰用于丁字步姿势砌离身较远的矮墙，如图

3-12 (b) 所示。

3）并列步正弯腰用于并列步姿势砌近身墙体，如图 3-12 (c) 所示。

(a)   (b)

(c)

图 3-12　弯腰姿势
(a) 侧身弯腰；(b) 丁字步正弯腰；(c) 并列步正弯腰

（5）8 种铺灰手法

1）砌条砖时采用甩灰、扣灰和泼灰 3 种铺灰手法，如图 3-13 所示。

2）砌丁砖时采用扣灰、一带二铺灰、里丁砖溜灰、外丁砖泼灰 4 种铺灰手法。如图 3-14 所示。

3）砌角砖时采用溜灰的铺灰手法。

（6）1 种挤浆动作

同"三一"砌砖法。

3.2.3　铺灰挤砌法

铺灰挤砌法就是在墙上均匀倒灰，然后用瓦刀刮平后砌砖。砌筑时，将砂浆均匀地倒在墙上，瓦工左手拿摊尺平搁在砖墙边棱上，右手拿瓦刀刮平砂浆，砂浆虚铺稍高于摊尺厚度。砌砖时，左手拿砖，右手拿瓦刀，披好竖缝随即砌上，看齐、放平、

26

摆正，砌好砖，瓦刀轻敲一下，以使砂浆饱满。

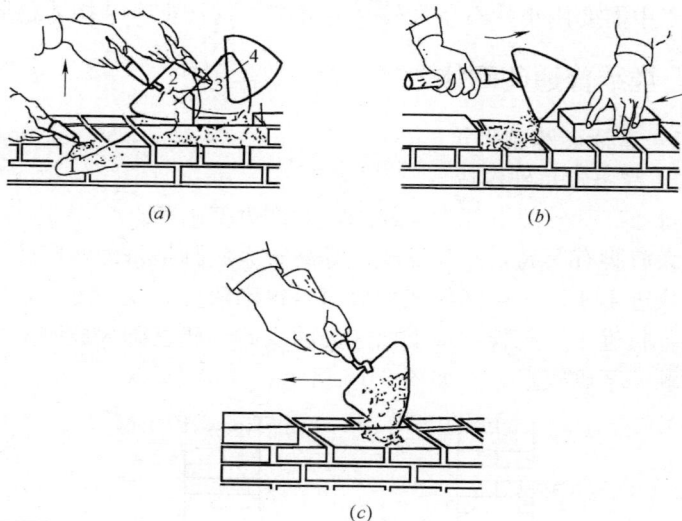

图 3-13　铺灰方法
（a）甩灰的动作分解；（b）扣灰的动作分解；（c）泼灰的动作分解

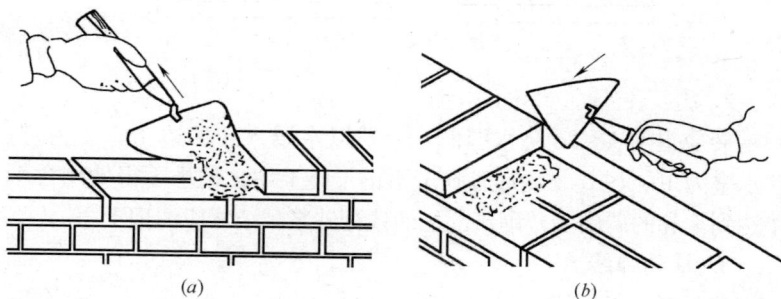

图 3-14　甩灰方法
（a）砌里丁砖的溜法；（b）砌里丁砖的扣法

3.2.4　坐浆砌砖法

　　坐浆法砌筑片石与铺浆砌砖差不多，就是砌筑片石时先在下层片石面上（或基础面上）铺一层厚薄均匀的砂浆，再压下片石，借助片石自重将砂浆压紧，并在缝隙处加以必要插捣和用力敲击，使片石完全稳定在砂浆层上。由于片石通常不规则，一般在施工中需要用小片石挤入较大的缝隙，这样整个结构才稳固。

3.3 烧结普通砖砌体

3.3.1 普通砖基础砌筑

1. 普通砖基础构造

普通砖基础的下部为大放脚，上部为基础墙。

大放脚有等高式和间隔式。等高式大放脚是每砌两皮砖，两边各收进1/4砖长；间隔式大放脚是每砌两皮砖及一皮砖，轮流两边各收进1/4砖长，最下面应为两皮砖。砖基础大放脚一般采用一顺一丁砌筑形式，如图3-15所示。

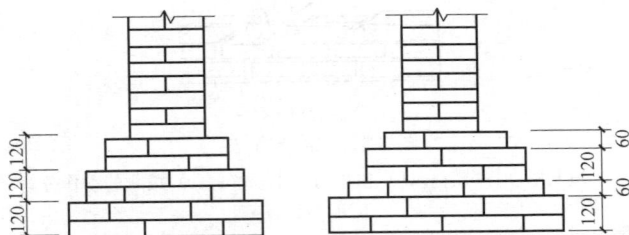

图 3-15 放大脚

2. 施工准备

砖应提前1～2d浇水湿润，一般以水浸入砖四边1.5cm为宜，含水率为10%～15%，常温施工不得干砖上墙，雨季不得使用含水率达到饱和的砖砌墙，砌筑部位的残存砂浆、杂物应清理干净。

3. 基础弹线

砌筑前，应用钢尺校核放线尺寸，如图3-16所示，允许偏差见表3-1。

允许偏差 表 3-1

长度 L、宽度 B(m)	允许偏差(mm)
L（或 B）≤30	±5
30<L（或 B）≤60	±10
60<L（或 B）≤90	±15
L（或 B）>90	±20

4. 设置基础皮数杆

在砖砌体转角处、交接处应设置皮数杆，皮数杆上标明砖皮数、灰缝厚度及竖向构造的变化部位。皮数杆间距不应大于 15m，在相对两皮数杆的砖上边线处拉准线。

5. 排砖摆底

根据砌筑构造的选择进行预排砖。预排砖确认无误后，按照预排标准铺浆砌筑最底层砖。要求底砖拉线进行控制，保证同标高砖在同一水平面上。

图 3-16　基础弹线

6. 砌筑

砖基础底标高不同时，应从低处砌起，并应从高处向低处搭砌。当设计无要求时，搭砌长度 L 不应小于砖基础底的高差 H，搭接长度范围内下层基础应扩大基础。

基础的转角处和交接处应同时砌筑，当不能同时砌筑时，应留置斜槎。砖基础的水平灰缝厚度和垂直灰缝宽度宜为 10mm。水平灰缝的砂浆饱满度不得小于 80%。竖向灰缝不应出现瞎缝、透明缝和假缝。

瞎缝：砌体中相邻块体间无砌筑砂浆又彼此接触的水平缝或竖向缝。假缝：为掩盖砌体灰缝内在质量缺陷，砌筑砌体时仅在砌体表面处抹有砂浆而内部无砂浆的竖向灰缝。

7. 防潮层施工

基础墙的防潮层，当无设计具体要求时，宜用 1：2 水泥砂浆加适量防水剂铺设，厚度宜为 20mm。防潮层位置宜在室内地面标高以下一皮砖处。

3.3.2　普通砖墙砌筑

1. 实心砖墙的组砌方式和方法

砖墙根据其厚度不同，有一顺一丁、多顺一丁、十字式等多种砌筑形式，如图 3-17 所示。

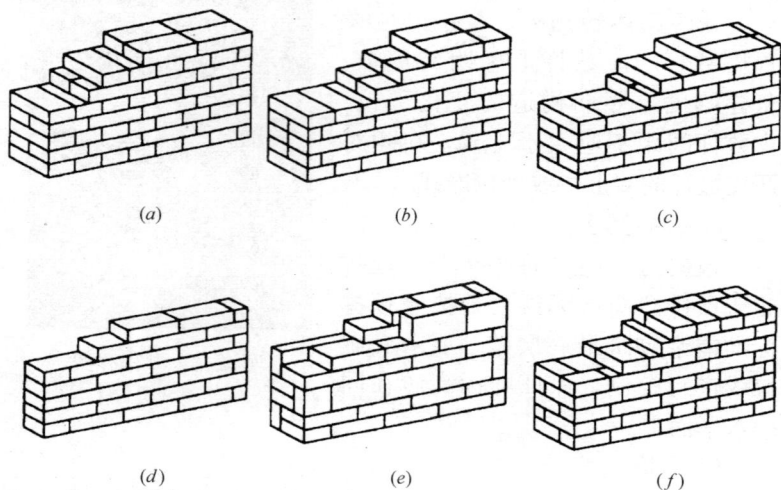

图 3-17　实心砖砌筑方式
(a) 240 砖墙　一顺一丁式；(d) 240 砖墙　多顺一丁式；(c) 240 砖墙　十字式；
(d) 120 砖墙；(e) 180 砖墙；(f) 370 砖墙

一顺一丁：一层砌顺砖、一层砌丁砖，相间排列，重复组合。在转角部位要加设配砖（俗称七分砖），进行错缝。这种砌法的特点是搭接好，无通缝，整体性强，因而应用较广。存在的问题是竖缝不易对齐；在墙的转角、丁字接头、门窗洞口等处都要砍砖，因此砌筑效率受到一定限制。砖基础大放脚部分的组砌形式多采用一顺一丁。

多顺一丁：三皮顺砖与一皮丁砖相间，顺砖与顺砖上下皮垂直灰缝相互错开 1/2 砖长；顺砖与丁砖上下皮垂直灰缝相互错开 1/4 砖长。适合砌一砖及一砖以上厚墙。

十字式：又称梅花丁，指每一皮砖都有顺有丁，上下皮又顺丁交错，这种砌法难度最大，但是墙体强度最高。十字式砌法是每皮中丁砖和顺砖相隔，上皮丁砖坐于下皮顺砖中间，上下皮间竖缝相互错开 1/4 砖长。这种砌法内外竖缝每皮上下都能错开，故整体性较好，灰缝整齐，比较美观，但砌筑效率较低。

2. 找平并弹墙身线

砌砖墙前，先在基础面或楼面上按标准的水准点定出各层标高，并用水泥砂浆找平。结合图纸按照轴线用墨斗弹出墙体边线。以轴线为准弹出门洞口位置，如图 3-18 所示。

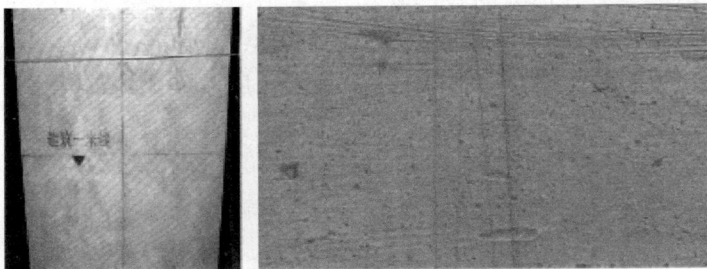

图 3-18　弹线

3. 立皮数杆并检查核对

立皮数杆可以控制每皮砖砌筑的竖向尺寸，并使铺灰、砌砖的厚度均匀，保证砖皮水平。皮数杆上划有每皮砖和灰缝的厚度，以及门窗洞、过梁、楼板等的标高。它立于墙的转角处，其基准标高用水准仪校正。如墙的长度很大，可每隔 10～20m 再立一根，如图 3-19 所示。

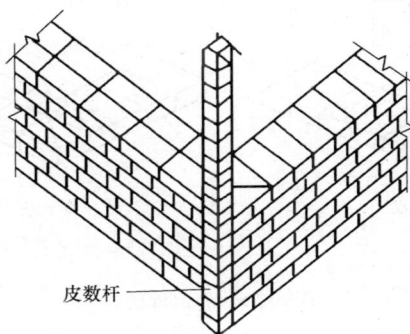

皮数杆

图 3-19　立皮数杆

4. 排砖摺底

一般外墙第一层砖摺底时，两山墙排丁砖，前后檐纵墙排条砖。根据弹好的门窗口位置线及构造柱的尺寸，认真核对窗间墙、垛尺寸，其长度是否复合排砖模数，如不符合模数时，可将门窗口的位置左右移动。若留破活，七分头或丁砖排在窗口中间，附墙垛或其他不明显的部位。移动门窗口位置时，应注意暖、卫立管及门窗开启时不受影响。另外，在排砖时还要考虑在门窗口上边的砖墙合拢时也不出现破活。所以，排砖时必须全盘考虑。前后檐墙排第一皮砖时，要考虑甩窗口后砌条砖，窗角上必须是七分头才是好活。盘角排砖如图 3-20 所示。

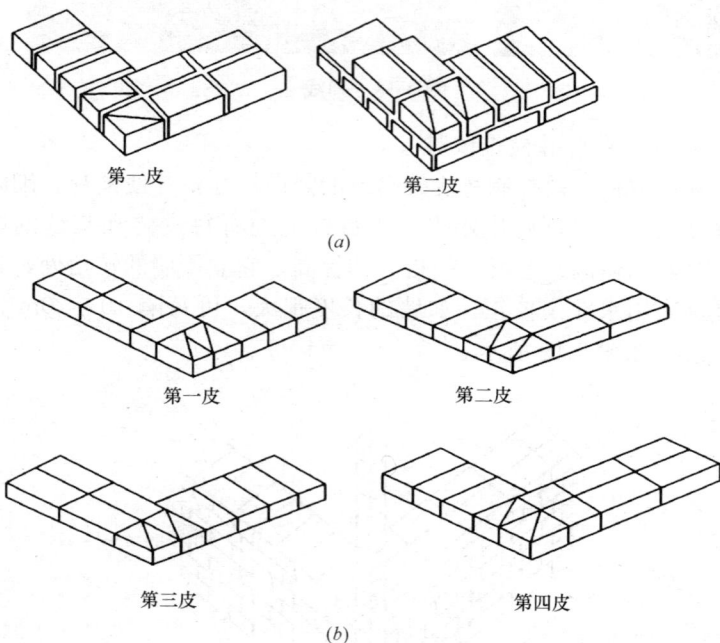

第一皮　　　　　　　　第二皮

(a)

第一皮　　　　　　　　第二皮

第三皮　　　　　　　　第四皮

(b)

图 3-20　盘角排砖

5. 立门窗框

立门窗框前须对成品加以检查，进行校正规方，钉好斜拉条（不得小于两根），无下坎的门框应加钉水平拉条，以防在运输和安装中变形。

立门窗框前要事先准备好撑杆、木橛子、木砖或倒刺钉，并在门窗框上钉好护角条。

立门窗框前要看清门窗框在施工图上的位置、标高、型号、门窗框规格、门扇开启方向、门窗框是里平、外平或是立在墙中等，按图 3-21 立口。

立门窗框时要注意拉通线，撑杆下端要固定在木橛子上。

立框子时要用线坠找直吊正，并在砌筑砖墙时随时检查有否倾斜或移动。如图 3-21 所示。

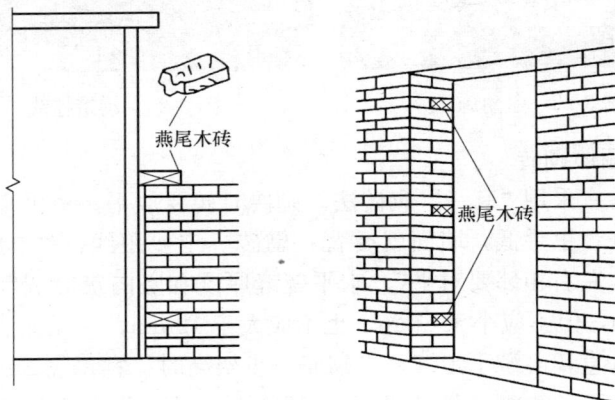

图 3-21　立门窗框

6. 盘角、挂线

盘角：砌砖前应先盘好角，每次盘角不要超过五层，新盘的大角，及时进行吊、靠。如有偏差及时修整。盘角时要仔细对照皮数杆的砖层和标高，控制好灰缝大小，使水平缝均匀一致。大角盘好后再复查一次，平整和垂直完全符合要求后，再挂线砌墙。如图 3-22 所示。

挂线：砌筑三七墙必须挂双线，如果长墙几个人共使用一根通线，中间应设几个支点，小线要拉紧，每层砖都要穿线看平，使水平缝均匀一致，平直通顺；砌二四墙时，可采用挂外手单线（视砖外观质量要求情况，如果质量好要求高也可挂双线，提高砌砖质量。）可照顾砖墙两面平整，为下道工序控制抹灰厚度奠定基础。如图 3-23 所示。

图 3-22　盘角施工　　　　　　图 3-23　砌筑挂线

7. 墙体砌砖

砌砖宜采用"三一"砌砖法。砌砖时砖要放平。里手高，墙面就要张；里手低，墙面就要背。砌砖一定要跟线，"上跟线，下跟棱，左右相邻要对平"。水平灰缝厚度和竖向灰缝宽度一般为 10mm，但不应小于 8mm，也不应大于 12mm。为保证清水墙面主缝垂直，不游丁走缝，当砌完一步架高时，宜每隔 2m 水平间距，在丁砖立楞位置弹两道垂直立线，可以分段控制游丁走缝。在操作过程中，要认真进行自检，如出现有偏差，应随时纠正。严禁事后砸墙。清水墙不允许有三分头，不得在上部任意变活、乱缝。砌筑砂浆应随搅拌随使用，一般砂浆必须在 3h 内用完，不得使用过夜砂浆。

3.3.3　普通砖柱砌筑

1. 砖柱的构造形式

砖柱的截面形状通常为方形或矩形。承重的独立砖柱的截面尺寸不应小于 240mm×370mm。如图 3-24（a）为 240mm×

370mm 砖柱，图 3-24 （b）为 370mm×490mm 砖柱，图 3-24 （c）为 370mm×370mm 砖柱，图 3-24 （d）为 490mm×490mm 砖柱，图 3-24 （e）为 370mm×615mm 砖柱，图 3-24 （f）为 490mm×615mm 砖柱，如图 3-24 所示。

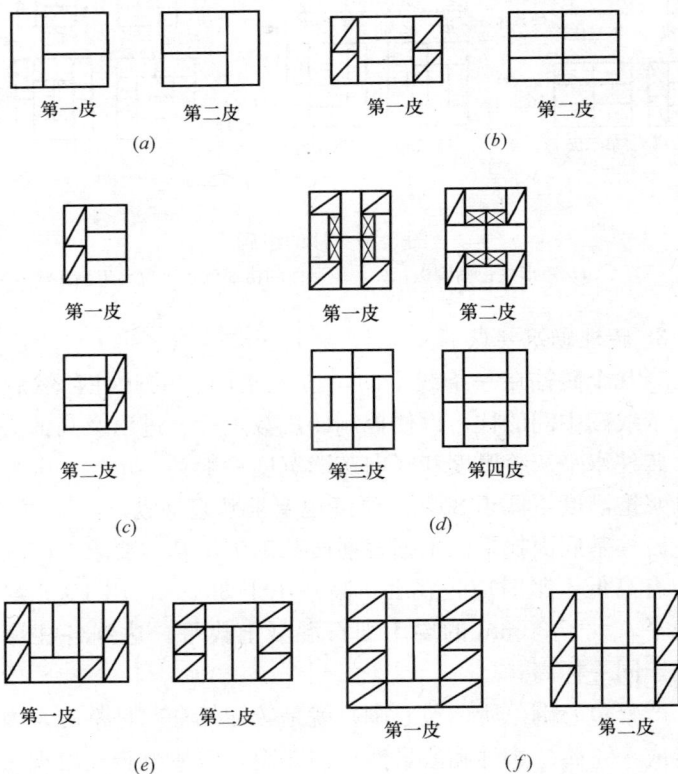

图 3-24　实心砖砌筑方式

2. 砖柱的砌筑方法

应使柱面上下皮的竖缝相互错开 1/2 砖长或 1/4 砖长，在柱心无通天缝，少打砖，并尽量利用二分头砖。严禁用包心砌法，即先砌四周后填心的砌法，如图 3-25 所示。

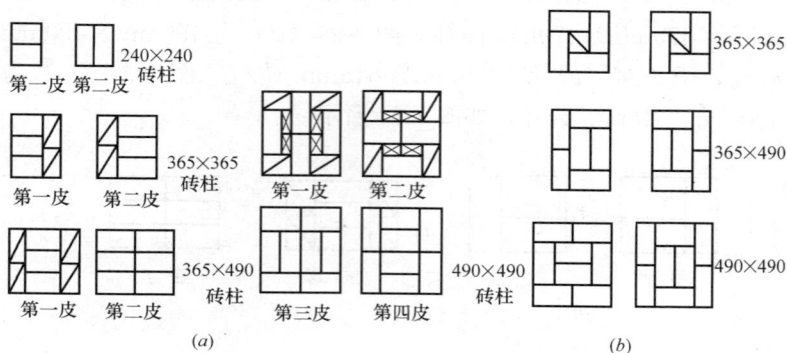

图 3-25 柱的组砌

(a) 矩形柱正确砌法；(b) 矩形柱的错误砌法（包心组砌）

3. 砖柱砌筑要点

当几个砖柱在一条线上时，应先砌两头的砖柱，然后拉通线，依线砌中间的柱，以便控制砖皮数正确、进出及高低一致。

砖柱水平灰缝厚度和竖向灰缝宽度一般为 10mm，水平灰缝的砂浆饱满度不低于 80%，竖缝也要求砂浆饱满。

砖柱基底面找平。根据普通砖基础施工基本要求，砖柱基底面如有高低不平时应先找平，高差小于 30mm，用 1:3 水泥砂浆找平，大于 30mm 的要用细石混凝土找平，达到各柱第一皮砖位于同一标高。

严禁包心砌。所谓包心砌，就是砖柱外全部是整砖，内部填半砖或 1/4 砖。这种砌法虽然外表美观，但整个砖柱出现一个自下而上的通天缝，在受荷载后，整体承载力和稳定性极差。

4. 网状配筋砖柱砌筑

网状配筋砖砌体，所用烧结普通砖强度等级不应低于MU10，砂浆强度等级不应低于 M7.5。钢筋网可采用方格网或连弯网，方格网的钢筋直径宜采用 3~4mm；连弯网的钢筋直径不应大于 8mm。钢筋网中钢筋的间距，不应大于 120mm，并不应小于 30mm。钢筋网在砖砌体中的竖向间距，不应大于五皮砖高，并不应大于 400mm。当采用连弯网时，网的钢筋方向应互相垂直，沿砖砌体高度交错设置，钢筋网的竖向间距取同一方向网的间距。设置钢筋网的水平灰缝厚度，应保证钢筋上下至少各有 2mm 厚的砂浆层。如图 3-26 所示。

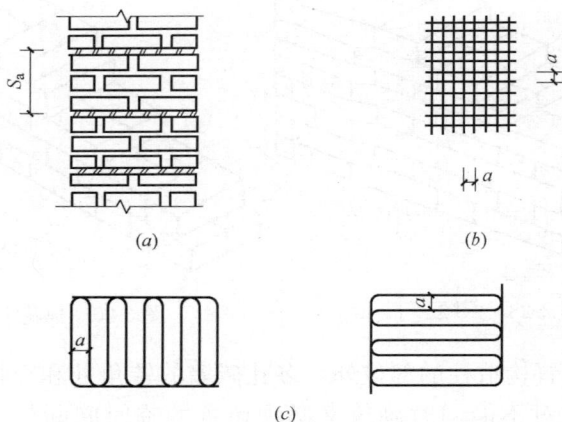

图 3-26　网状配筋砖柱砌筑

（a）方格网配筋砖柱；（b）方格钢筋网；（c）连弯钢筋

3.4　烧结空心砖墙砌筑

3.4.1　墙体组砌的方式

方形多孔砖一般采用全顺砌法，多孔砖中手抓孔应平行于墙面，上下皮垂直灰缝相互错开半砖长，如图 3-27 所示。

矩形多孔砖宜采用一顺一丁或梅花丁的砌筑形式，上下皮垂直灰缝相互错开 1/4 砖长，如图 3-28、图 3-29 所示。

图 3-27　全顺砌筑

方形多孔砖墙的转角处，应加砌配砖（半砖），配砖位于砖墙外角。方形多孔砖的交接处，应隔皮加砌配砖（半砖），配砖位于砖墙交接处外侧，如图3-30所示。

　　矩形多孔砖砌法同烧结普通砖相应砌法，如图3-31所示。

图 3-28　一顺一丁

图 3-29　梅花丁

　　除设置构造柱的部位外，多孔砖墙的转角处和交接处应同时砌筑，对不能同时砌筑又必须留置的临时间断处，应砌成斜槎。

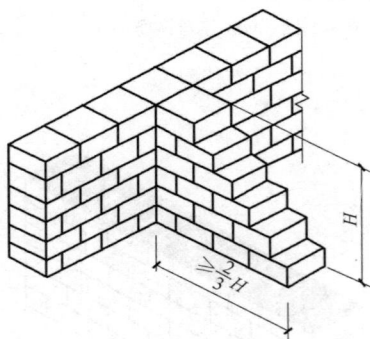

图 3-30　方形多孔砖

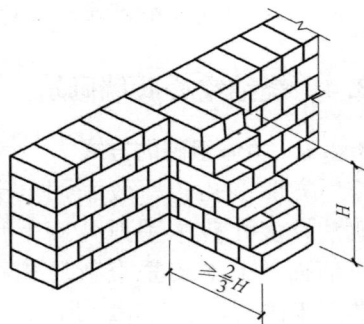

图 3-31　矩形多孔砖

3.4.2　操作工艺

　　操作工艺同普通砖墙砌筑工艺。

3.4.3 质量标准

灰缝应横平竖直。水平灰缝厚度和垂直灰缝宽度宜为10mm，但不应小于8mm，也不应大于12mm。

灰缝砂浆应饱满。水平灰缝的砂浆饱满度不得低于80%，垂直灰缝宜采用加浆填灌方法，使其砂浆饱满。

施工中需在多孔砖墙中留设临时洞口，其侧边离交接处的墙面不应小于0.5m；洞口顶部宜设置钢筋砖过梁或钢筋混凝土过梁。

每日砌筑高度不得超过1.8m，雨天施工时不宜超过1.2m。

3.5 烧结多孔砖墙的砌筑

3.5.1 砌筑形式

对抗震设防地区的多孔砖墙应采用"三一"砌筑法进行砌筑；对非抗震设防地区的多孔砖墙可采用铺浆法砌筑，铺浆长度不得超过750mm；当施工期间最高气温高于30℃时，铺浆长度不得超过500mm。

墙体组砌形式同烧结空心砖墙体组砌形式。

3.5.2 砌筑要点

多孔砖墙的灰缝应横平竖直。水平灰缝厚度和垂直灰缝宽度宜为10mm，但不应小于8mm，也不应大于12mm。

多孔砖墙灰缝砂浆应饱满。水平灰缝的砂浆饱满度不得低于80%，垂直灰缝宜采用加浆填灌方法，使其砂浆饱满。

施工中需在多孔砖墙中留设临时洞口，其侧边离交接处的墙面不应小于0.5m；洞口顶部宜设置钢筋砖过梁或钢筋混凝土过梁。

多孔砖墙每日砌筑高度不得超过1.8m，雨天施工时不宜超过1.2m。

第4章 石砌体的砌筑施工

4.1 操作工艺

抄平放线→立皮数杆→挂线→砌筑→勾缝。

抄平放线：根据图纸要求，设置水准基点桩，并弹好轴线、边线、门窗洞口和其他尺寸线，如标高误差过大（第一层灰缝厚度大于200mm），应用细石混凝土垫平。

立皮数杆：根据图纸要求，石块厚度和灰缝厚度限值，计算适宜的灰缝厚度，制作皮数杆，并准确安装固定好皮数杆或坡度门架。

挂线：在两根皮数杆之间或坡度门架之间双面挂线分皮卧砌，每皮高约300mm。

砌筑、勾缝：毛石墙砌筑方法采用坐浆法，即在开始砌筑第一皮前先铺砂浆厚30~50mm，然后用较大整齐的平毛石，放稳放平，先砌转角处、交接处和洞口处，再向中间砌筑，砌筑前应先试摆，合适后再铺灰砌筑，使石料大小搭配，大面平放朝下，外露表面要平齐，斜口朝内，逐块卧砌坐浆，砂浆饱满度应大于80%。石块间大于35mm的空隙应先填塞砂浆，后用碎石嵌实，严禁先摆石块后塞砂浆或干填碎石块的做法。

4.2 砌筑要点

4.2.1 毛石砌体的砌筑要点

毛石砌体应采用铺浆法砌筑。砂浆必须饱满，叠砌面的粘灰面积（即砂浆饱满度）应大于80%。

毛石砌体宜分皮卧砌，各皮石块间应利用毛石自然形状经敲打修整，使其能与先砌毛石基本吻合、搭砌紧密；毛石应上下错缝，内外搭砌，不得采用外面侧立毛石中间填心的砌筑方法；中间不得有铲口石（尖石倾斜向外的石块）、斧刃石（尖石向下的石块）和过桥石（仅在两端搭砌的石块），如图 4-1 所示。

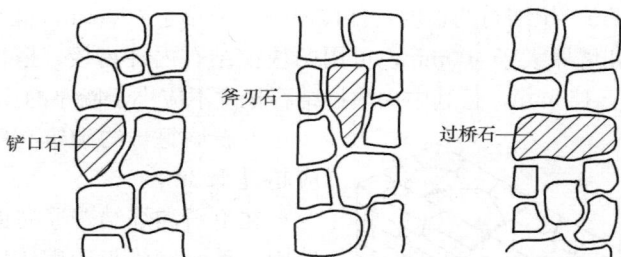

图 4-1　铲口石、斧刃石、过桥石

　　毛石砌体的灰缝厚度宜为 20～30mm，石块间不得有相互接触现象。石块间较大的空隙应先填塞砂浆后用碎石块嵌实，不得采用先摆碎石块后塞砂浆或干填碎石块的方法。

4.2.2　毛石基础

　　砌筑毛石基础的第一皮石块坐浆，并将石块的大面向下。毛石基础的转角处、交接处应用较大的平毛石砌筑。

　　毛石基础的扩大部分，如做成阶梯形，上级阶梯的石块应至少压砌下级阶梯石块的 1/2，相邻阶梯的毛石应相互错缝搭砌，如图 4-2 所示。

　　毛石基础必须设置拉结石。拉结石应均匀分布。毛石基础同皮内每隔 2m 左右设置一块。拉结石长度：如基础宽度等于或小于 400mm，应与基础宽度相等；如基础宽度大于 400mm，可用两块拉结石内外搭接，搭接长度不应小于 150mm，且其中一块拉结石长度不应小于基础宽度的 2/3。

4.2.3　毛石墙

　　毛石墙的第一皮及转角处、交接处和洞口处，应用较大的平毛石砌筑。

图 4-2　阶梯形毛石基础

每个楼层墙体的最上一皮，宜用较大的毛石砌筑。

毛石墙必须设置拉结石。拉结石应均匀分布，相互错开。毛石墙一般每 0.7m² 墙面至少设置一块，且同皮内拉结石的中距不应大于 2m。拉结石的长度：如墙厚等于或小于 400mm，应与墙厚相等；如墙厚大于 400mm，可用两块拉结石内外搭接，搭接长度不应小于 150mm，且其中一块拉结石长度不应小于墙厚的 2/3。

毛石墙每日约砌筑高度，不应超过 1.2m。

在毛石和烧结普通砖的组合墙中，毛石砌体与砖砌体应同时砌筑，并每隔 4～6 皮砖用 2～3 皮丁砖与毛石砌体拉结砌合，两种砌体间的空隙应用砂浆填满，如图 4-3 所示。

毛石墙和砖墙相接的转角处和交接处应同时砌筑。

转角处应自纵墙（或横墙）每隔 4～6 皮砖高度引出不小于 120mm 与横墙（或纵墙）相接，

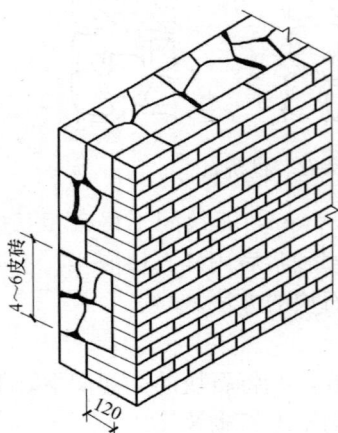

图 4-3 毛石和砖组合墙

如图 4-4 所示。

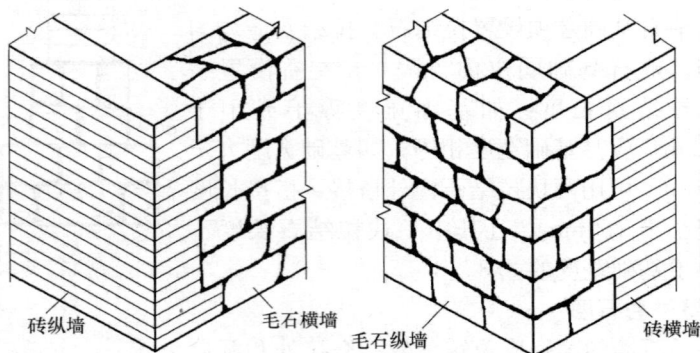

图 4-4 转角处毛石墙和砖墙相接

交接处应自纵墙每隔4～6皮砖高度引出不小于120mm与横墙相接，如图4-5所示。

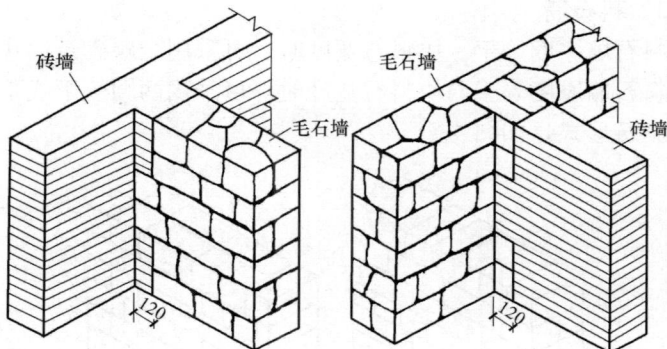

图4-5 交接处毛石墙和砖墙相接

毛石墙的转角处和交接处应同时砌筑。对不能同砌筑而又必须留置的临时间断处，应砌成踏步槎。

4.3 料石砌体

4.3.1 料石砌体的砌筑要点

料石砌体应采用铺浆法砌筑，料石应放置平稳，砂浆必须饱满。砂浆铺设厚度应略高于规定灰缝厚度，其高出厚度：细料石宜为3～5mm；粗料石、毛料石宜为6～8mm。

料石砌体的灰缝厚度：细料石砌体不宜大于5mm；粗料石和毛料石砌体不宜大于20mm。

料石砌体的水平灰缝和竖向灰缝的砂浆饱满度均应大于80%。

料石砌体上下皮料石的竖向灰缝应相互错开，错开长度应不小于料石宽度的1/2。

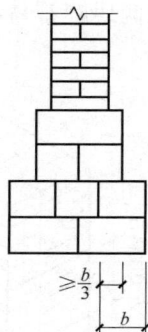

图4-6 阶梯形料石基础

4.3.2 料石基础

料石基础的第一皮料石应坐浆丁砌，以上

各层料石可按一顺一丁进行砌筑。阶梯形料石基础，上级阶梯的料石至少压砌下级阶梯料石的 1/3，如图 4-6。

4.3.3　料石墙

料石墙厚度等于一块料石宽度时，可采用全顺砌筑形式。

料石墙厚度等于两块料石宽度时，可采用两顺一丁或丁顺组砌的砌筑形式，如图 4-7。

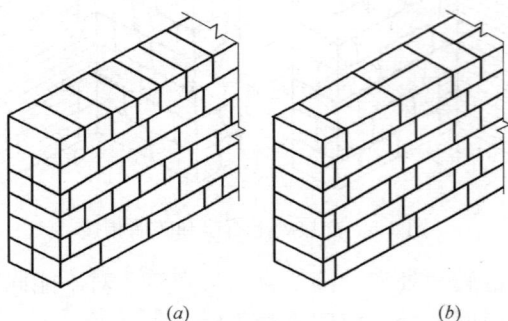

(a)　　　　　　　　　　*(b)*

图 4-7　料石墙砌筑形式

（*a*）两顺一丁；（*b*）丁顺组砌

两顺一丁是两皮顺石与一皮丁石相间。

丁顺组砌是同皮内顺石与丁石相间，可一块顺石与丁石相间或两块顺石与一块丁石相间。

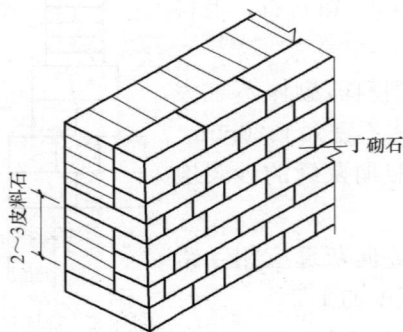

图 4-8　料石和砖的组合墙

在料石和毛石或砖的组合墙中，料石砌体和毛石砌体或砖砌体应同时砌筑，并每隔 2～3 皮料石层用丁砌层与毛石砌体或砖砌体拉结砌合。丁砌料石的长度宜与组合墙厚度相同，如图 4-8 所示。

4.3.4　料石平拱

用料石做平拱，应按

设计要求加工。如设计无规定，则料石应加工成楔形，斜度应预先设计，拱两端部的石块，在拱脚处坡度以 60°为宜。平拱石块数应为单数，厚度与墙厚相等，高度为二皮料石高。拱脚处斜面应修整加工，使拱石相吻合，如图 4-9 所示。

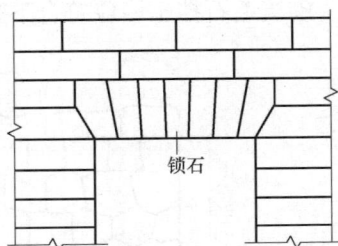

图 4-9　料石平拱示例

砌筑时，应先支设模板，并以两边对称地向中间砌，正中一块锁石要挤紧。所用砂浆强度等级不应低于 M10，灰缝厚度宜为 5mm。

养护到砂浆强度达到其设计强度的 70％以上时，才可拆除模板。

4.3.5　料石过梁

用料石作过梁，如设计无规定时，过梁的高度应为 200～450mm，过梁宽度与墙厚相同。过梁净跨度不宜大于 1.2m，两端各伸入墙内长度不应小于 250mm。

过梁上续砌墙时，其正中石块长度不应小于过梁净跨度的 1/3，其两旁应砌不小于 2/3 过梁净跨度的料石，如图 4-10。

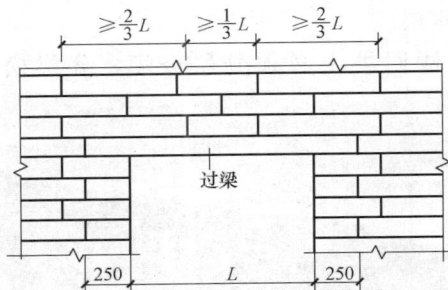

图 4-10　料石过梁

4.3.6　石挡土墙

石挡土墙可采用毛石或料石砌筑。

砌筑毛石挡土墙应符合下列规定，如图 4-11。

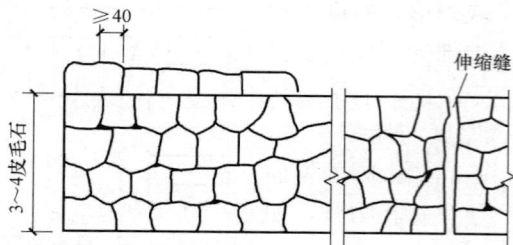

图 4-11 毛石挡土墙立面

（1）每砌 3~4 皮毛石为一个分层高度，每个分层高度应找平一次；

（2）外露面的灰缝厚度不得大于 40mm，两个分层高度间分层处的错缝不得小于 80mm。

料石挡土墙宜采用丁顺组砌的砌筑形式。当中间部分用毛石填砌时，丁砌料石伸入毛石部分的长度不应小于 200mm。

石挡土墙的泄水孔当设计无规定时，施工应符合下列规定：

（1）泄水孔应均匀设置，在每米高度上间隔 2m 左右设置一个泄水孔；

（2）泄水孔与土体间铺设长宽各为 300mm、厚 200mm 的卵石或碎石作疏水层。

挡土墙内侧回填土必须分层夯填，分层松土厚度应为

图 4-12 挡土墙

300mm。墙顶土面应有适当坡度使流水流向挡土墙外侧面，如图 4-12。

4.4　质量标准

细料石砌体灰缝厚度不宜大于 5mm，粗料石和毛料石砌体不宜大于 20mm。料石砌体的水平灰缝和竖向灰缝的砂浆饱满度应大于 80％。料石砌体上下皮料石的竖向灰缝应相互错开，错开长度应不小于料石宽度的 1/2。

石材表面的泥垢，水锈等杂质，砌筑前应清除干净。

砌筑砂浆应严格计算，保证配合比的准确：砂浆应搅拌均匀，稠度符合要求。

砌筑石墙应按规定拉通线，使达到平直通光一致，砌料石墙应双面挂线（全顺砌筑除外），并经常校核墙体的轴线与边线，以保证墙身平直、轴线正确，不发生位移。

砌石应注意选石，并使大小石块搭配使用，石料尺寸不应过小，以保证石块间的互相压搭和拉结，避免出现鼓肚和里外两层皮现象。

砌筑时应严格防止出现不坐浆砌筑或先填心后填塞砂浆，造成石料直接接触，或采取铺石灌浆法施工，这将使砌体粘接强度和承载力大大降低。

墙面嵌缝前要将松散的砂浆清理干净，并洒水湿润，然后将水泥砂浆压入缝内，使之与原有砂浆粘牢。

第5章 配筋砌体构件施工

5.1 操作工艺

5.1.1 技术准备

（1）根据设计施工图纸（已会审）及标准规范编制配筋砖砌体的施工方案并经相关单位批准通过。

（2）根据现场条件，完成工程测量控制点的定位、移交、复核工作。

（3）编制工程材料、机具、劳动力的需求计划。

（4）完成进场材料的见证取样复检及砌筑砂浆、浇筑混凝土的试配工作。

（5）组织施工人员进行技术、质量、安全、环境交底。

5.1.2 材料要求

（1）砌筑砂浆及浇筑混凝土

砌筑砂浆和浇筑混凝土强度等级必须符合设计要求，用于配筋砖砌体宜用水泥砂浆或混合砂浆。浇筑混凝土强度等级不低于C15。砂浆配合比应采用重量比，并由试验室确定，水泥计量精度为 ±2%，砂，掺合料为 ±5%。

拌合砂浆的过程：先将水泥和砂按重量比的要求（或体积

图 5-1 拌合砂浆

比）倒在硬地坪（铁板）上或设搅拌槽如图 5-1 所示，采用灰扒、铁锹等工具干拌均匀，然后再将掺加料、加水搅拌成砂浆。在搅拌过程中水泥投料人员和砂浆拌和工人须持证上岗，要求熟知操作规程和搅拌制度，操作熟练并应戴防尘口罩。穿长袖衣，防止吸入粉尘，腐蚀皮肤。

砂浆用砂不得含有有害杂物。砂浆用砂的含泥量应满足下列要求：对水泥砂浆和强度等级不小于 M5 的水泥混合砂浆，不应超过 5%；对强度等级小于 M5 的水泥混合砂浆，不应超过 10%；人工砂、山砂及特细砂，应经试配能满足砌筑砂浆技术条件要求。

1）水泥。一般采用 32.5 或 42.5 普通硅酸盐水泥或矿渣硅酸盐水泥，各标号水泥的强度数值见表 5-1。水泥进场使用前，应分批对其强度、安定性进行复验。检验批应以同一生产厂家、同一编号为一批。当在使用中对水泥质量有怀疑或水泥出厂超过三个月（快硬硅酸盐水泥超过一个月）时，应复查试验，并按其结果使用。不同品种的水泥，不得混合使用。

各标号水泥的强度数值（MP）　　　　　　　表 5-1

品种	强度等级	抗压强度		抗折强度	
		3d	28d	3d	28d
普通硅酸盐水泥	32.5	11.0	32.5	2.5	5.5
	42.5	16.0	42.5	3.5	6.5
矿渣硅酸盐水泥	32.5	10.0	32.5	2.5	5.5
	42.5	15.0	42.5	3.5	6.5

2）砂浆、混凝土用砂。一般宜用中砂并不得含有有害物质，勾缝宜用细砂。砂浆应随拌随用，一般水泥砂浆和水泥混合砂浆须在拌成后 3h 和 4h 内使用完，不允许使用过夜砂浆。

砂浆在砌体内的作用，主要是填充砖之间的空隙，并将其粘接成一整体，使上层砖的荷载能均匀地传到下面。

3）砂浆、混凝土用水。应使用自来水或天然洁净可供饮用的水。拌制砂浆用水、水质应符合国家现行标准《混凝土用水标准》JGJ 63—2006 的规定。

施工现场气候炎热或干燥季节，可适当增加用水量。配合比的试配、调整与确定试配时应采用工程中实际使用的材料，应采用机械搅拌。砂浆的拌制及使用砌筑砂浆应采用砂浆搅拌机进行拌制。水泥砂浆和水泥混合砂浆，不得少于 2min。水泥粉煤灰砂浆和掺用外加剂的砂浆，不得少于 3min。掺用有机塑化剂的砂浆，应为 3~5min。

4）塑化材料。有石灰膏、磨细石灰粉、电石膏和粉煤灰等，石灰膏的熟化时间不少于 7d，严禁使用冻结和脱水硬化的石灰膏。凡在砂浆中掺入有机塑化剂、早强剂、缓凝剂、防冻剂等，应经检验和试配符合要求后，方可使用。有机塑化剂应有砌体强度的型式检验报告。

5）混凝土用石子。构造柱、圈梁用粒径 5~40mm 卵石或碎石，组合砖砌体用 5-20mm 细卵石或碎石，含泥量小于 1%。

6）混凝土用外加剂。根据要求选用减水剂或早强剂，应有出厂合格质量证明，掺用时应通过试验确定掺加量。

砂浆应随拌随用，水泥砂浆和水泥混合砂浆应分别在 3h 和 4h 内使用完毕；当施工期间最高气温超过 30℃时，应分别在拌成后 2h 和 3h 内使用完毕。如图 5-2 所示。

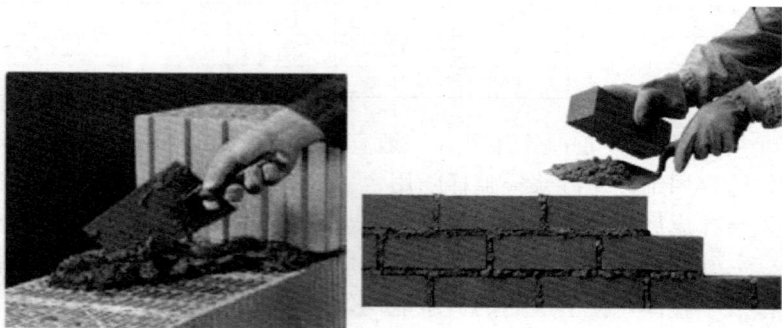

图 5-2　砂浆的使用

注：对掺用缓凝剂的砂浆，其使用时间可根据具体情况延长。

砌筑砂浆试块强度验收时其强度合格标准必须符合下列规定：

同一验收批砂浆试块抗压强度平均值必须大于或等于设计强度等级所对应的立方体抗压强度；同一验收批砂浆试块抗压强度的最小一组平均值必须大于或等于设计强度等级所对应的立方体抗压强度的 0.75 倍。

注：① 砌筑砂浆的验收批，同一类型、强度等级的砂浆试块应不少于 3 组。当同一验收批只有一组试块时，该组试块抗压强度的平均值必须大于或等于设计强度等级所对应的立方体抗压强度。

② 砂浆强度应以标准养护，龄期为 28d 的试块抗压试验结果为准。

（2）砖

砖的品种、强度等级必须符合设计要求，并应规格一致，有出厂合格证及试验单；用于配筋砖砌体宜用烧结普通砖。

1）烧结普通砖

① 规格。砖的外形为直角六面体，其公称尺寸为：长 240mm、宽 115mm、高 53mm ，一般配砖尺寸为 175mm×115mm×53mm。如图 5-3 所示。

图 5-3　烧结普通砖

② 烧结普通砖根据抗压强度分为 MU30、MU25、MU20、MU15、MU10 五个强度等级。强度应符合表 5-2 规定。

强度等级	抗压强度平均 f $\geqslant$	变异系数 $\delta \leqslant 0.21$	变异系数 $\delta > 0.21$
		强度标准值 $f_k \geqslant$	单块最小抗压强度 $f_{min} \geqslant$
MU30	30.0	22.0	25.0
MU25	25.0	18.0	22.0
MU20	20.0	14.0	16.0
MU15	15.0	10.0	12.0
MU10	10.0	6.5	7.5

③ 烧结普通砖按主要原料分为黏土砖（N）、页砖（Y）、煤矸石砖（M）、粉煤灰砖（F）。

④ 烧结普通砖强度和抗风化性能合格的砖，根据尺寸偏差、外观质量、泛霜和石灰爆裂分为优等品（A）、一等品（B）、合格品（C）三个质量等级。

⑤ 技术要求。尺寸允许偏差见表 5-3，外观质量允许偏差见表 5-4。

公称尺寸	优 等 品		一 等 品		合 格 品	
	样本平均偏差	样本极差 $\leqslant$	样本平均偏差	样本极差 $\leqslant$	样本平均偏差	样本极差 $\leqslant$
240	±2.0	8	±2.5	8	±3.0	8
115	±1.5	6	±2.0	6	±2.5	7
53	±1.5	4	±1.6	5	±2.0	6

烧结普通砖的外形应该平整、方正。外观应无明显的弯曲、缺棱、掉角、裂缝等缺陷，敲击时发出清脆的金属声，色泽均匀一致。

外观质量允许偏差（mm）　　　　　　表5-4

项　目		优等品	一等品	合格品
两条面高度差	不大于	2	3	5
弯曲	不大于	2	3	5
杂质凸出高度	不大于	2	3	5
缺棱掉角的三个破坏尺寸	不得同时大于	15	20	30
裂纹长度　　　　　　　　　　不大于 　a. 大面上宽度方向及其延伸至条面的长度 　b. 大面上长度方向及其延伸至顶面的长度 　或条顶面上水平裂纹的长度		70 100	70 100	110 150
完整面不得少于		一条面和 一顶面	一条面和 一顶面	—
颜色		基本一致	—	—

　　2）烧结多孔砖的外形为矩形体，其长度、宽度、高度尺寸有两种：290mm × 240mm（190mm）× 180mm 和 175mm × 140mm（115mm）×90mm 两种。如图 5-4 所示。

图 5-4　烧结多孔砖

　　3）烧结空心砖（图 5-5）的外形为矩形体，在与砂浆的接合面上设有增加结合力的深度 1mm 以上的凹线。

4）蒸压灰砂砖如图 5-6 所示。

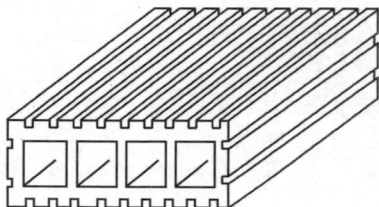

图 5-5　烧结空心砖

图 5-6　蒸压灰砂砖

（3）钢筋

钢筋必须具有出厂合格证，进场后，要见证取样送检，合格后才能使用。

5.1.3　主要机具

1. 机械设备

（1）应备有砂浆搅拌机（图 5-7）、混凝土搅拌机（图 5-8）、插入式振动器（图 5-9）、垂直运输机械［脚手架（图 5-10、图 5-11、图 5-14、图 5-15）、龙门架、外用电梯（图 5-16）、塔吊等］。

图 5-7　砂浆搅拌机

图 5-8　混凝土搅拌机

（2）砂浆拌制

1）停放机械处的土质要坚实平整，防止土面下沉造成机械倾侧。

54

2）砂浆搅拌机的进料口上应装上铁栅栏进行遮盖保护。

3）作前应进行以下检查：检查搅拌叶有无松动或磨刮筒身的现象；检查出料机械是否灵活；检查机械运转是否正常。

4）必须在搅拌叶达到正常运转后，才可以投料。

5）在转叶转动时，不准用手或棒等其他物体去拨刮拌合筒口处的灰浆或材料。

6）出料时必须使用摇手柄，不准用手转动拌和筒。

7）工作中机具如遇故障或停电，应立即拉开电闸，同时将拌和筒内的拌料清除干净。

图 5-9 插入式振动器

2. 脚手架

脚手架的作用及分类脚手架是为建筑施工而搭设的上料、堆料与施工作业用的临时结构架。

脚手架的类型按搭设位置，脚手架可分为外脚手架和里脚手架两大类；按搭设

图 5-10 多立杆式脚手架

和支撑的方式可分为多立杆式、门式、桥式、悬挂式、爬升设和支撑的方式可分为多立杆式、门式、桥式、悬挂式、爬升式等。

外脚手架外脚手架是沿建筑物外围周边搭设的一种脚手架，用于外墙砌筑和外墙装饰。

（1）立杆采用对接扣件接长，对接点沿竖向错开布置，相邻

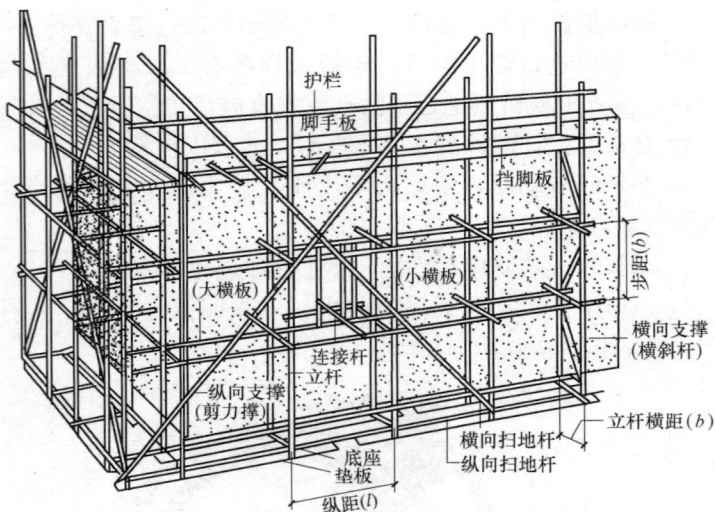

图 5-11　扣件式钢管脚手架

的立杆应尽可能错开一个步距，其错开的垂直距离不应小于
500mm。每根立杆均应设置标准底座，由底座下皮向上 200mm 处
必须设置纵、横向扫地杆。对接扣件应尽量靠近中心节点（立杆、
纵向水平杆、横向水平杆三杆的交点）和固定件节点。为保证立
杆的稳定性，立杆必须用刚性连墙件与建（构）筑物可靠连接。

（2）纵向水平杆与立杆的每一个交点处必须采用直角扣件连
接。纵向水平杆的接长必须采用对接扣件连接，且距立杆轴线的
距离不宜大于跨度的 1/3，各方向相邻的纵向水平杆之间的对接
扣件均应尽量错开一跨布置。

（3）横向水平杆的布置。纵向水平杆与立杆的每一个相交点
处必须设置一根横向水平杆，且距立杆轴线的距离不应大于
150mm。跨度中间的横向水平杆宜根据支撑脚手板的需要布置。
横向水平杆用直角扣件扣接在纵向水平杆上。单排脚手架则为一
端用直角扣件扣接在纵向水平杆上，另一端支撑在墙体上。

（4）脚手架固定件的构造与布置。为防止脚手架向外或向内
倾覆，必须设置能够承受拉力和压力的固定件。固定件的形式有

刚性和柔性两种类型。对于高度在 24m 以下的脚手架，一般应采用刚性固定件（图 5-12）与建筑可靠连接。当采用柔性固定件（图 5-13）时，必须配以相应的顶撑（顶在混凝土圈梁、柱等结构可靠部位上的横向水平杆），以防止脚手架向内倾覆。24m 以上的双排脚手架均应采用刚性固定件与建筑可靠连接。

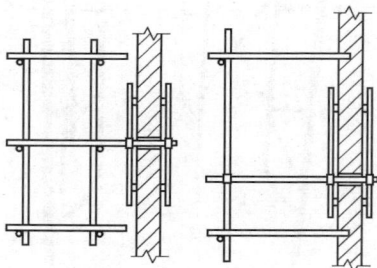

图 5-12　刚性固定件　　　　图 5-13　柔性固定件

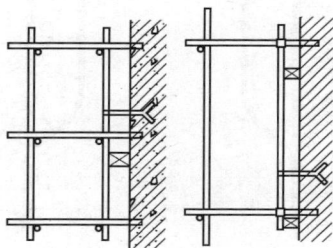

（5）为确保脚手架的整体稳定，必须设置支撑体系。双排脚手架的支撑体系由剪刀撑、横向斜撑、水平斜撑组成，单排脚手架的支撑体系由剪刀撑组成。剪刀撑、横向斜撑、水平斜撑、抛撑（抛撑是搭设脚手架时的临时支撑）等与脚手架杆件的连接均采用回转扣件。

其他形式的脚手架在建筑施工中，除了上述脚手架，还有一些其他形式的脚手架分别用于不同的施工场合。

脚手架的安全为了确保脚手架的安全，脚手架必须具备足够的强度、刚度和稳定性。对于常用的脚手架形式，如扣件式钢管脚手架等，要按照现行的技术规程、技术资料和数据，依据脚手架的用途、施工荷载、搭设高度等条件，合理确定脚手架的立杆间距、排距、步距，设计和布置各类支撑系统，进行必要的计算或验算。在搭件，合理确定脚手架的立杆间距、排距、步距，设计和布置各类支撑系统，进行必要的计算或验算。在搭设脚手架时，必须严格执行工艺操作规程，按照质量标准进行质量验收。自行设计的脚手架则必须经过严格的设计计算和试验，确有安全保障时才可在工程中使用。

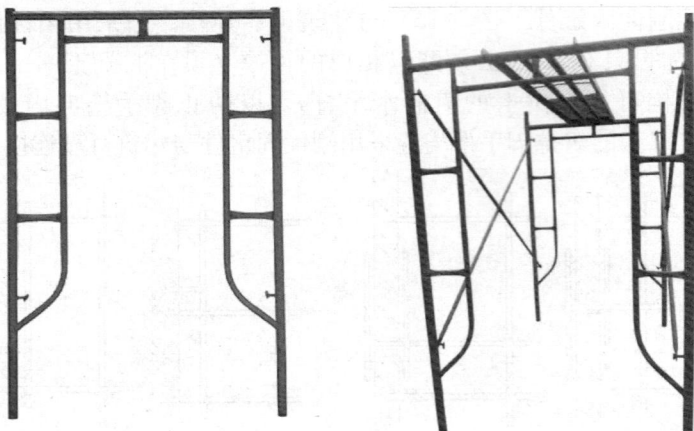

图 5-14　门式脚手架

脚手架的间距按脚手板（桥枋）的长度和刚度而定，脚手板不得少于两块，其端头应伸出架的支承横杆约200mm，但也不许伸出太长做成悬臂（探头板），以防重量集中在悬空部位而"翻跟斗"。当活动脚手架提升到2m时，架与架之间应装设交叉杆以加强稳定。两脚手板（桥枋）相搭接时，每块板应各伸出边架的支承横杆；注意不要将上一块板仅搭在下一块板的探头（悬空）部位。每块脚手板上的操作人员不应超过两人，堆放砖块不应超过单行 3 皮。不许用不稳固的工

图 5-15　折叠式脚手架

具或物体在脚手板面垫高操作，更不应在未经施工设计和经过加固的情况下，在一层脚手架上再叠加一层（桥上桥）施工。提升活动钢管脚手架时，应用铁销贯穿内外管孔，禁止随便取铁钉

代用。

3. 外用电梯

外用电梯在砌筑过程中所起到的作用是垂直运输砌筑材料，如图 5-16 所示。

图 5-16　外用电梯

4. 主要工具

应备有瓦刀、大铲、刨锛、手锤、钢凿、勾缝刀、灰板、筛子、铁锹、手推车、砖夹、砖笼等

5. 检测工具

应备有水准仪（图 5-17）、经纬仪（图 5-18）、钢卷尺、卷尺、锤线球、水平尺、皮数杆、磅秤、砂浆、混凝土试模等。

5.1.4　作业条件

（1）作业条件

1）办完地基、基础工程隐检手续，前道工序已经验收合格。

2）弹好轴线墙身线，根据进场砖的实际规格尺寸，弹出门窗洞口位置线，经验线符合设计要求，并办完预检手续。如图5-19所示。

图 5-17　水准仪

图 5-18　经纬仪

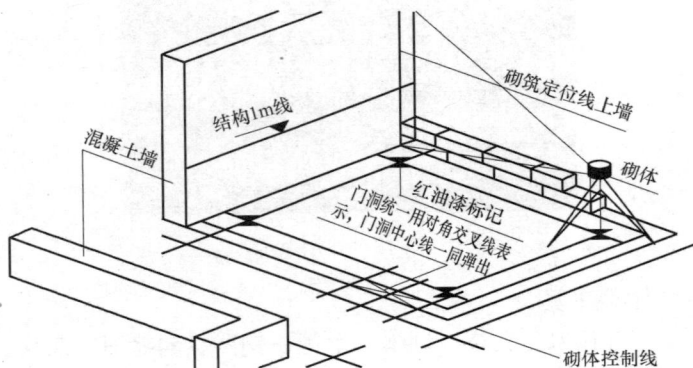

图 5-19　砌体控制线标识

测量放线注意事项：

① 砌筑定位放线必须采用双控线（定位线、控制线都要弹出），结构墙体上弹出砌筑定位线；

② 砌筑端头无剪力墙，采用竖皮数杆；

③ 施工完成的混凝土墙面提前弹出结构 1m 线；

④ 门洞口采用对角线表示，同时弹出门洞中线；

⑤ 每间房间控制线相交处采用红油漆标识。

3）按设计标高要求立好皮数杆，皮数杆的间距以 15～20m 为宜。如图 5-20。

4）砂浆、混凝土由试验室做好试配，准备好砂浆、混凝土试模（6 块为一组），材料准备到位。

5）施工现场安全防护已完成，并通过了安监人员的验收。

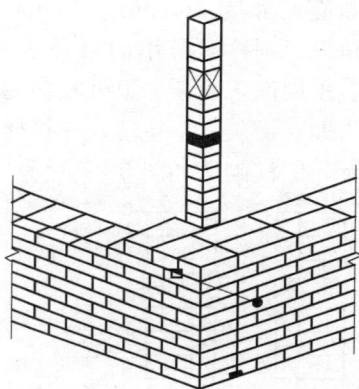

图 5-20　皮数杆示意图

6）脚手架应随砌随搭设；运输通道通畅，各类机具应准备就绪。

（2）施工组织及人员准备

1）现场管理各项制度已健全，专业技术人员执证上岗，非施工方质量监督人员到位。

2）瓦工、混凝土、木工班组已进场到位并进行了质量技术安全环境交底，工人要求中级工以上，其中高级工不少于 20％，并应具有同类工程的施工经验。根据工作面的大小及班组中高级技术工的数量配备一定的普工，以确保工作效率最高；其中中级工应知的知识要求主要有：制图的基本知识，看懂较复杂的施工图；配筋砌体结构和抗震构造的一般知识；砌筑工程季节施工的有关知识；水准仪的使用和维护方法。中级工应会的操作技能有：各种配筋砖砌体结构的摆底；砌 6m 以上清水墙角、清水方柱、腰线、多角形墙、混水圆柱、柱墩和各种花棚、栏杆等复杂砌体；立门、窗框；砍、磨各种砖块；清水墙勾缝的弹线、开补；铺砌预制混凝土块；绑扎钢筋与浇注混凝土。

5.1.5　配筋砖柱的组砌方式

砖柱主要断面形式有方形、矩形、多角形、圆形等。方柱最小断面尺寸为 365mm×365mm，矩形柱为 240mm× 365mm；多角形、圆柱形最小内直径为 365mm。砖柱组砌方法应正确，一般采用满丁满条，里外咬槎，上下层错缝，采用"三一"砌砖法（即一铲灰，一块砖，一挤揉），常见的矩形柱砌法如图 5-21 所示，圆柱砌法如图 5-22 所示。

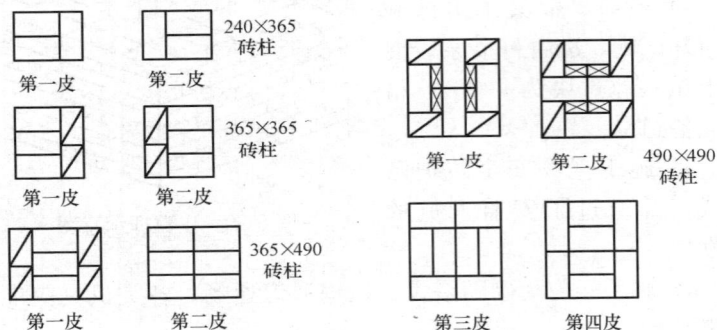

图 5-21　矩形柱砌法图

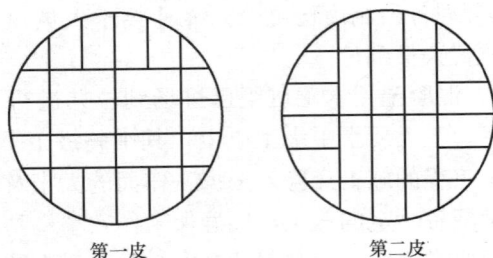

图 5-22　圆形柱砌法图

5.1.6　配筋砖墙体的组砌的方式

墙体一般采用一顺一丁（满丁满条）、梅花丁或三顺一丁砌法。不采用五顺一丁砌法。一顺一丁组砌的方式如图 5-23 所示，梅花丁组砌的方式如图 5-24 所示，三顺一丁组砌的方式如图 5-25 所示。

组砌形式确定后，接头形式也随之而定，采用一顺一丁形式组砌的砌墙的接头形式组砌平面如图 5-26 所示，其余的接头形式依次类推。

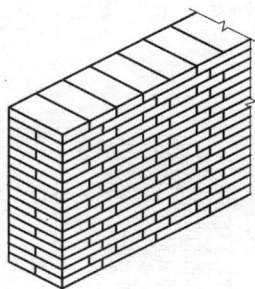

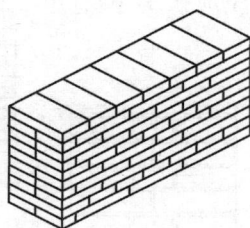

图 5-23　一顺一丁　　　图 5-24　梅花丁　　　图 5-25　三顺一丁

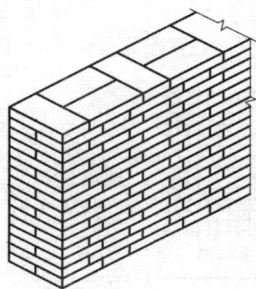

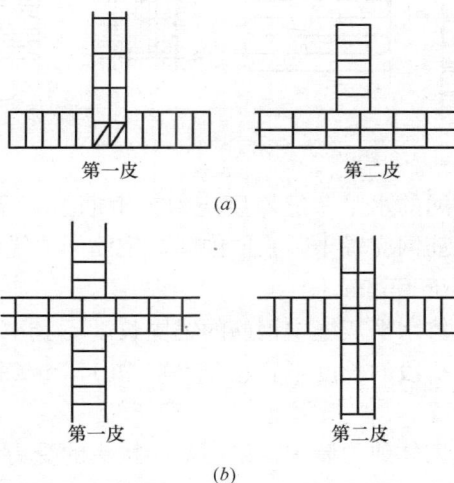

第一皮　　　　　　　　第二皮

(a)

第一皮　　　　　　　　第二皮

(b)

图 5-26　一顺一丁组砌平面图
(a) T 字交接处组砌平面；(b) 十字交接处组砌平面

5.1.7　网状配筋砖柱（墙）的构造

网状配筋砖柱（墙）是用烧结普通砖与砂浆砌成的，在砖柱（墙）的水平灰缝中配有钢筋网片。所用砖的强度等级不应低于 MU10，砂浆的强度等级不应低于 M5。钢筋网片有方格网和连弯网两种形式。方格网宜采用直径 3～4mm 的钢筋。连弯网宜采用直径不大于 8mm 的钢筋。钢筋网中钢筋的间距不应大于

120mm，并不应小于 30mm。钢筋网的间距不应大于 5 皮砖，并不应大于 400mm。如图 5-27 所示。

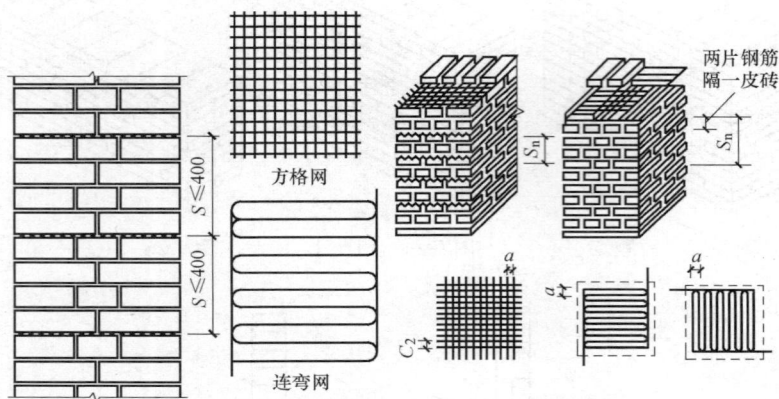

图 5-27　网状配筋砖柱（墙）

　　配有钢筋网的水平灰缝厚度应保证钢筋上下至少各有 2mm 的砂浆层。钢筋网应置于砂浆层中间，钢筋网边缘的钢筋的砂浆保护层应不小于 15mm。

　　设置在砌体水平灰缝中钢筋的锚固长度不宜小于 50d，且其水平或垂直弯折段的长度不宜小于 20d 和 150mm 钢筋的搭接长度不应小于 55d。

　　配筋砌块砌体剪力墙中，采用搭接接头的受力钢筋搭接长度不应小于 35d，且不应少于 300mm。

　　受力钢筋的锚固。组合砌体的顶部及底部，以及牛腿部位，必须设置混凝土垫块，受力钢筋伸入垫块的长度，必须满足锚固的要求。

　　先按常规砌筑砌体，在砌筑同时，按规定的间距在砌体的水平灰缝内放置箍筋或拉结钢筋。箍筋或拉结钢筋应埋于砂浆层中，使其砂浆保护层厚度不小于 2mm，两端伸出砌体外的长度相一致。

　　面层施工前，应清除面层底部的杂物，并浇水湿润砌体

64

表面。

5.1.8 组合砖砌体的构造及施工要求

组合砖砌体是由砖砌体和钢筋混凝土面层或钢筋砂浆面层组成，有组合砖柱、组合砖壁柱及组合砖墙等。砖砌体所用砖的强度等级不宜低于 MU10，砌筑砂浆的强度等级不得低于 M5。面层混凝土强度等级一般采用 C15 或 C20。面层水泥砂浆强度等级不得低于 M7.5。砂浆面层厚度可采用 30～45mm。当面层厚度大于 45mm 时，其面层宜采用混凝土。受力钢筋直径不应小于 8mm，钢筋净间距不应小于 30mm。如图 5-28 所示。

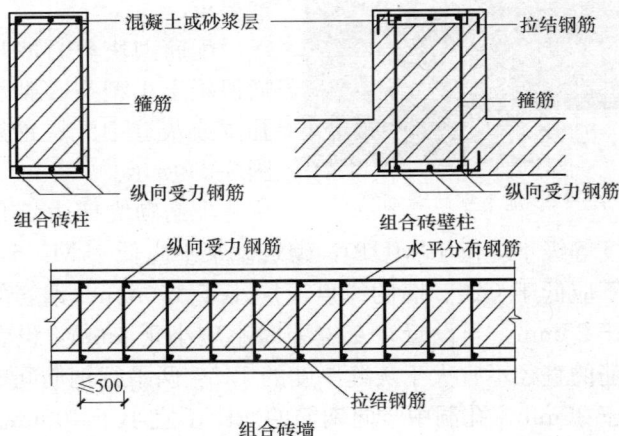

图 5-28　组合砖砌体

（1）组合砌体施工的一般要求

面层混凝土强度等级宜采用 C15 或 C20。面层水泥砂浆强度等级不低于 M7.5。砌筑砂浆的强度等级不低于 M5，砖强度等级不低于 MU10。

砂浆面层的厚度，可采用 30～45mm。当面层厚度大于 45mm 时，其面层宜采用混凝土。

受力钢筋宜采用 HPB300 级钢筋，对于混凝土面层，亦可采用 HRB335 级钢筋。受压钢筋一侧配筋率，对砂浆面层，不宜小于 0.1％对混凝土面层，不宜小于 0.2％。受拉钢筋的配筋率，不应小于 0.1％。受力钢筋的直径不应小于 8mm。钢筋的净间距，不应小于 30mm。

箍筋的直径，不宜小于 4mm 及 0.2 倍受压钢筋直径，并不宜大于 6mm。箍筋的间距，不应大于 20 倍受压钢筋的直径及 500mm，并不应小于 120mm。

当组合砖砌体一侧的受力钢筋多于 4 根时，应设置附加箍筋或拉结钢筋。

（2）组合砌体施工的构造要求

配筋砌块剪力墙是在普通混凝土小型空心砌块墙的孔洞或灰缝中配置钢筋。如图 5-29 所示。

图 5-29　地下室砖墙砌筑

配筋砌块剪力墙所用小砌块强度等级不应低于 MU10，砌筑砂浆不应低于 M7.5，灌孔混凝土不应低于 C20。墙的厚度不应小于 190mm。钢筋的直径不宜大于 25mm，当设置在灰缝中时不应小于 4mm。设置在灰缝中钢筋的直径不宜大于灰缝厚度的 1/2。两平行钢筋间的净距不应小于 25mm。孔洞中竖向钢筋的净距不宜小于 40mm。灰缝中钢筋外露砂浆保护层不宜小于 15mm。位于砌块孔洞中的钢筋保护层，在室外或潮湿环境不宜小于 30mm 在室内正常环境不宜小于 20mm。

（3）配筋砌块剪力墙施工

配筋砌块剪力墙的构造配筋应符合下列规定：

1）应在墙的转角、端部和洞口的两侧配置竖向连续的钢筋，钢筋直径不宜小于 12mm。

2）应在洞口的底部和顶部设置不小于 2 根直径为 10mm 的水平钢筋，其伸入墙内的长度不宜小于 35d（d 为钢筋直径）和 400mm。

3）其他部位的竖向和水平钢筋的间距不应大于墙长、墙高之半，也不应大于 1200mm。对局部灌孔的墙体，竖向钢筋的间距不应大于 600mm。

5.1.9 钢筋混凝土填心墙构造

钢筋混凝土填心墙是将采用烧结普通砖和砂浆砌好的两个独立墙片，用拉结钢筋连接在一起，在两片之间设置钢筋，并浇筑混凝土而成。所用砖强度等级不低于 MU7.5，砂浆强度等级不低于 M5。墙厚至少为 115mm。混凝土强度等级不低于 C15。竖向受力钢筋的直径及间距按设计计算而定，其直径不应小于 10mm。水平分布钢筋直径不应小于 8mm，垂直方向间距不应大于 500mm。拉结钢筋直径可用 4～6mm，垂直方向及水平方向间距均不应大于500mm，并不应小于 120mm。如图 5-30、图 5-31 所示。

图 5-30　钢筋混凝土填心墙

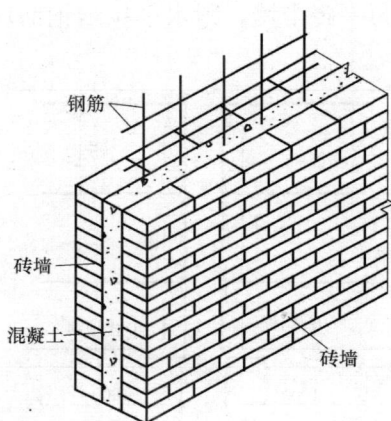

图 5-31　钢筋混凝土填心墙

施工时要控制每天砌筑的墙高不得超过 1.8m。在砌筑墙体前要检查钢筋规格与间距等，符合质量要求后方可砌墙。

浇筑混凝土前要检查墙体质量、两墙片间的砂浆和碎砖等杂物是否清理干净、清理用的洞口是否同品种、同强度等级的砖和砂浆填塞。浇水湿润墙片里侧，方可浇筑混凝土。浇筑混凝土要检查混凝土的质量和逐层振捣密实。振捣混凝土宜用插入式振动器，分层浇捣厚度不宜超过 200mm，振动棒不要触及钢筋及砖墙。

5.1.10 钢筋混凝土构造柱

设置钢筋混凝土构造柱的墙体，宜用强度等级不低于 MU7.5 的普通黏土砖与强度等级不低于 M2.5 的砂浆砌筑。构造柱截面不应小于 240mm×180mm（实际应用最小截面为 240mm×240mm）。钢筋一般采用Ⅰ级钢筋，竖向受力钢筋一般采用 4 根，直径为 12mm。箍筋采用直径 4～6mm，其间距不宜大于 250mm。砖墙与构造柱应沿墙高每隔 500mm 设置 2 根直径 6mm 的水平拉结钢筋，拉结钢筋两边伸入墙内不应少于 1m。拉结钢筋穿过构造柱部位与受力钢筋绑牢。当墙上门窗洞边到构造柱边的长度小于 1m 时，拉结钢筋伸到洞口边为止。在外墙转角处，如纵横墙均为一砖半墙，则水平拉结钢筋应用 3 根。如图 5-32所示。

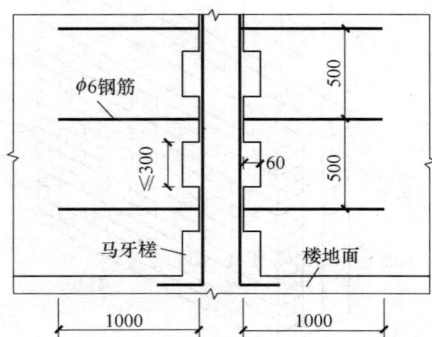

图 5-32　砖墙的马牙槎布置

5.1.11 工艺流程

配筋砖砌体的工艺流程如图 5-33 所示。

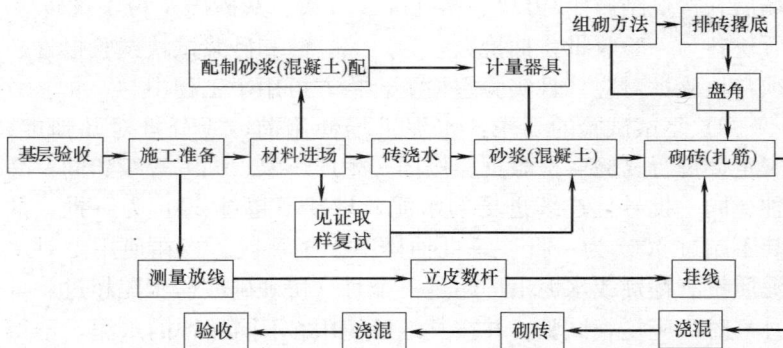

图 5-33　配筋砖砌体施工工艺流程图

（1）基层验收：基础、楼（地）面结构施工完毕，作业面清理干净，对砌筑基层的质量缺陷进行处理完毕，砌筑位置平整，砌筑皮数杆制作并经技术复核，砌体放线完成并经检查，施工前一天在砌筑部位接触面和砌块进行洒水。

（2）施工准备：准备好所用材料及工具，施工中所需门窗现场预制过梁和现浇过梁、预埋铁件等必须事先作好安排，配合砌筑进度及时送到现场。

（3）材料进场：

1）砌块进场验收：根据合约相关条款对材料的规格、型号、强度等级，由工程师与材料员进行现场验收，除"基本规定的质保证资料"齐全合格外，要验收实体材料，缺边、掉角（3cm×3cm）的数量不得大于 10%。完全是破损的砖数不得大于 3%，否则按不合格产品处理，此规定应在合约中予以明确。

2）水泥进场验收：水泥进场应根据采购合约规定的水泥品种、级别、包装或散装仓号、出厂日期等进行检查，并有完整的质量保证资料：合格证、性能检验报告和备案证明文件等方可进场存放入水泥库。

（4）见证取样复试：

1）对砌块要求进行见证取样复试：每一生产厂家的砖到现场后，按烧结砖 15 万块、多孔砖 5 万块、灰砂砖及粉煤灰砖 10 万块各为一验收批，抽检数量为一组。砖和砂浆试块试验报告必须与检验批对应。且实验室检测合格方可用于工程中。

2）复试试验的要求：水泥进场使用前，应分批对其强度、安定性进行复验。检验批应按同一生产厂家、同一等级、同一品种、同一批号且连续进场的水泥，袋装不超过 200t 为一批，散装不超过 500t 为一批，每批抽样不少于一次。当在使用中对水泥质量有怀疑或水泥出厂超过三个月（快硬硅酸盐水泥超过一个月）时，应复查试验，并按其结果使用。不同品种的水泥，不得混合使用。

（5）砌筑砂浆应通过试配确定配合比。

当砌筑砂浆的组成材料有变更时，其配合比应重新确定，砂浆现场拌制时，各组分材料应采用重量计量。施工中当采用水泥砂浆代替水泥混合砂浆时，应重新确定砂浆强度等级。

（6）砂浆拌制：砌筑砂浆应采用机械搅拌，投料顺序为：砂→水泥→掺合料→水，自投料完算起，搅拌时间应符合下列规定：

1）水泥砂浆和水泥混合砂浆不得小于 2min；

2）水泥粉煤灰砂浆和掺用外加剂的砂浆不得少于 3min；

3）掺用有机塑化剂的砂浆，应为 3～5min。

（7）砌块砌体在砌筑前，应根据工程设计施工图，结合砌块的品种、规格、绘制砌体砌块的排列图，经审核无误，确定组砌方式，按图排列砌块。

（8）排砖撂底（干摆砖）：一般外墙第一层砖撂底时，两山墙排丁砖，前后檐纵墙排条砖。根据弹好的门窗洞口位置线，认真核对窗间墙、垛尺寸，其长度是否符合排砖模数，如不符合模数时，可将门窗口的位置左右移动。若有破活，七分头或丁砖应排在窗口中间，附墙垛或其他不明显的部位。移动门窗口位置时，应注意暖、卫立管安装及门窗开启时不受影响。另外，在排砖时还要考虑到门窗口上边的砖墙合拢时也不出现破砖。所以排砖时必须做全盘考虑，前后檐墙排第一皮砖时，要考虑甩窗口后砌条砖，窗角上必须是七分头才是好活。

（9）盘角：砌砖前应先盘角，每次盘角不要超过五层，新盘的大角，及时进行吊、靠。如有偏差要及时修整。盘角时要仔细对照皮数杆的砖层和标高，控制好灰缝大小，使水平灰缝均匀一致。大角盘好后再复查一次，平整和垂直完全符合要求后，再挂线砌墙。

（10）挂线：砌筑一砖半墙必须双面挂线，如果长墙几个人均使用一根通线，中间应设几个支线点，小线要拉紧，每层砖都要穿线看平，使水平缝均匀一致，平直通顺；砌一砖厚混水墙时宜用外手挂线，可照顾砖墙两面平房整，为下道工序控制抹灰厚度奠定基础。

（11）砌砖：砌砖宜采用一铲灰、一块砖、一挤揉的"三一"砌砖法，即满铺、满挤操作法。砌砖时砖要放平。里手高，墙面就要张；里手低，墙面就要背。砌砖一定要跟线，"上跟线，下跟棱，左右相邻要对平"。水平灰缝厚度和竖向灰缝宽度一般为10mm，但不应小于8mm，也不应大于12mm。为保证墙面主缝垂直，不游丁走缝，当砌完一步架高时，宜每隔2m水平间距，在丁砖立楞位置弹两道垂直立线，可以分段控制游丁走缝。在操作过程中，要认真进行自检，如出现有偏差，应随时纠正，严禁事后砸墙。砌筑砂浆应随搅拌随使用，一般水泥砂浆必须在3h内用完，水泥混合砂浆必须在4h内用完，不得使用过夜砂浆。

（12）留槎：外墙转角处应同时砌筑。内外墙交接处必须留斜槎，槎子长度不应于小墙体高度的2/3，槎子必须平直、通顺。分段位置应在变形缝或门窗口处，隔墙与墙或柱不同时砌筑时，可留阳槎加预埋拉结筋。沿墙高按设计要求每50cm预埋Φ6钢筋2根，其埋入长度从墙留槎处算起，一般每边均不小于50cm，末端应加90°弯钩。施工洞口也应按以上要求留水平拉结筋。

（13）木砖预留孔洞和墙体拉结筋：木砖预埋时应小头在外，大头在内，数量按洞口高度决定。洞口高在 1.2m 以内，每边放 2 块；高 1.2～2m，每块放 3 块；高 2～3m，每边放 4 块，预埋木砖的部位一般在洞口上边或下边四皮砖，中间均匀分布。木砖要提前做好防腐处理。钢门窗安装的预留孔，硬架支模，暖、卫管道，均应按设计要求预留，不得事后剔凿。墙体拉结筋的位置、规格、数量、间距均应按设计要求留置，不应错放、漏放。

（14）安装过梁、梁垫：安装过梁、梁垫时，其标高、位置及型号必须准确，坐灰饱满。如坐灰厚度超过 2cm 时，要用细石混凝土铺垫，过梁安装时，两端支承点的长度应一致。

（15）构造柱做法：在砌砖前，先根据设计图纸将构造柱位置进行弹线，并把构造柱插筋处理顺直。砌砖墙时，与构造柱连接处砌成马牙槎。每一个马牙槎沿高度方向的尺寸不宜超过 30cm（即五皮砖）。马牙槎应先退后进。拉结筋按设计要求放置，设计无要求时，一般沿墙高 50cm 设置 2 根 Φ6 水平拉结筋，每边深入墙内不应小于 1m。

5.1.12 操作工艺

1. 普通砖墙砌筑形式

砌筑施工工序如图 5-34 所示。

砖墙根据其厚度不同，可采用全顺（120mm）、两平一侧（180mm 或 300mm）、全丁、一顺一丁、梅花丁或三顺一丁的砌筑形式，如图 5-35 所示。

图 5-34　砌筑施工工序示意
(a) 放位置线；(b) 砌筑干粉搅拌、铺灰；(c) 砌筑墙体

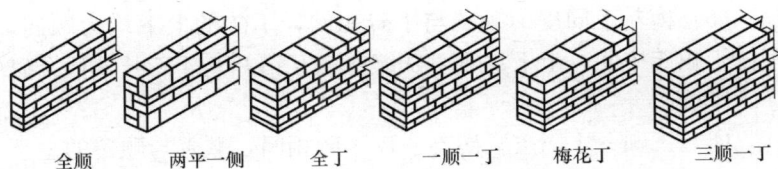

图 5-35　砖墙的砌筑形式

（1）全顺　各皮砖均顺砌，上下皮垂直灰缝应相互错开半砖长（120mm），适合砌半砖厚（115mm）墙。

（2）两平一侧　两皮顺（或丁）砖与一皮侧砖相间，上下皮垂直灰缝应相互错开 1/4 砖长（60mm）以上，适合砌 3/4 砖厚（180mm 或 300mm）墙。

（3）全丁　各皮砖均采用丁砌，上下皮垂直灰缝应相互错开 1/4 砖长，适合砌一砖厚（240mm）墙。

（4）一顺一丁　一皮顺砖与一皮丁砖相间，上下皮垂直灰缝应相互错开 1/4 砖长，适合砌一砖及一砖以上厚墙。适合砌一砖及一砖以上厚墙。如图 5-36、图 5-37 所示。

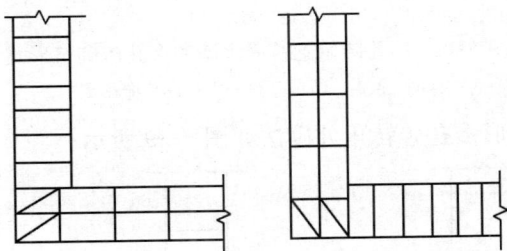

图 5-36　一砖厚墙一顺一丁转角处的分皮砌法（一）

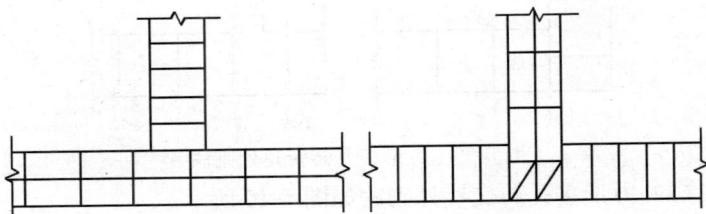

图 5-37　一砖厚墙一顺一丁转角处的分皮砌法（二）

73

（5）梅花丁同皮中顺砖与丁砖相间，丁砖的上下均为顺砖，并位于顺砖中间，上下皮垂直灰缝应相互错开 1/4 砖长，适合砌一砖厚墙。

（6）三顺一丁三皮顺砖与一皮丁砖相间，顺砖与顺砖的上下皮垂直灰缝应相互错开 1/2 砖长；顺砖与丁砖的上下皮垂直灰缝应相互错开 1/4 砖长，适合砌一砖及一砖以上厚墙。

2. 烧结多孔砖砌体的施工

（1）多孔砖墙砌筑清水墙的多孔砖，应边角整齐、色泽均匀。多孔砖的砌筑形式有：全顺、一顺一丁、梅花丁形式。如图 5-38 所示。

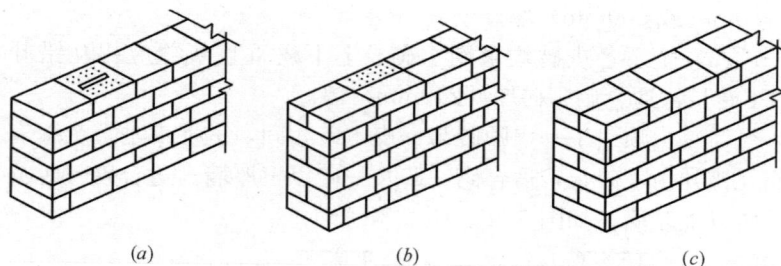

图 5-38　多孔砖墙砌筑清水墙的多孔砖砌筑形式

(a) 全顺；(b) 一顺一丁；(c) 梅花丁

（2）方形多孔砖转角处砌法如图 5-39 所示。

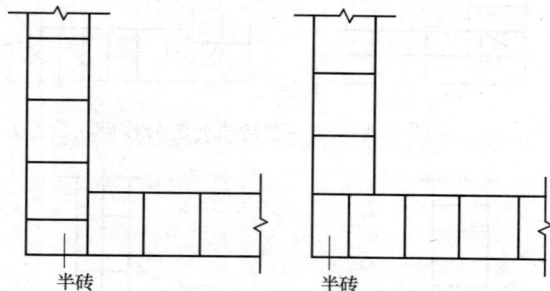

图 5-39　方形多孔砖转角处砌法

（3）方形多孔砖交接处砌法如图 5-40 所示。

（4）方形多孔砖留置斜槎如图 5-41。

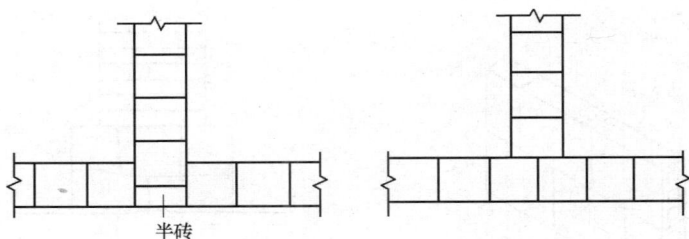

图 5-40　方形多孔砖交接处砌法

半砖

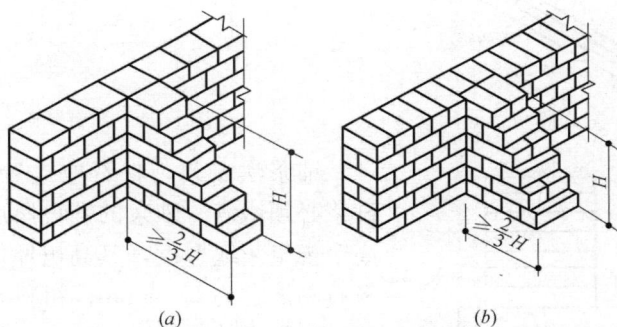

(a) 　　　　　　　　　(b)

图 5-41　方形多孔砖留置斜槎

(a) 方形砖；(b) 矩形砖

3. 烧结空心砖砌体的施工

空心砖墙砌筑空心砖墙时，应提前 1～2d 浇水湿润。砌筑时，砖的含水率宜为 10%～15%。如图 5-42、图 5-43 所示。

4. 毛石砌体

砌筑毛石基础的第一皮石块应坐浆，并将石块的大面向下。毛石基础的转角处与交接处应用较大的平毛石砌筑。如图 5-44 所示。

5. 料石砌体

砌筑施工要点料石砌体应采用

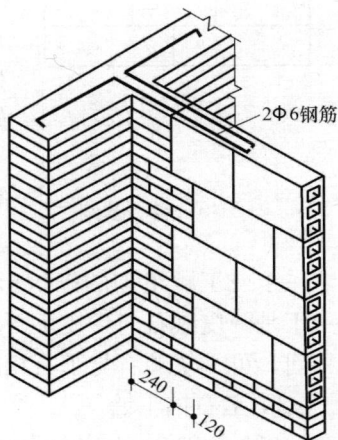

2Φ6钢筋

240

120

图 5-42　空心砖

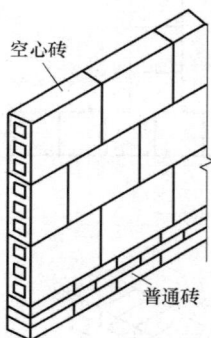

图 5-43　空心砖与普通砖交接

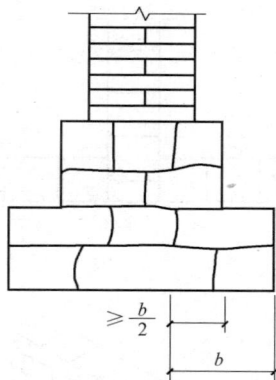

图 5-44　毛石基础

铺浆法砌筑，料石应放置平稳，砂浆必须饱满。砂浆的铺设厚度应略高于规定灰缝厚度，其高出厚度：细料石砌体宜为 3～5mm；粗料石砌体和毛料石砌体宜为 6～8mm。料石基础料石基础的第一皮料石应坐浆丁砌，以上各层料石可按一顺一丁进行砌筑。阶梯形料石基础，上级阶梯的料石至少压砌下级阶梯料石的 1/3，如图 5-45 所示。

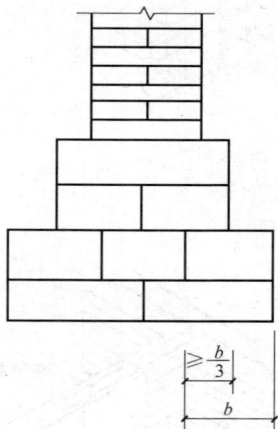

图 5-45　料石基础

料石墙的厚度等于一块料石宽度时，可采用全顺砌筑形式；料石墙的厚度等于两块料石宽度时，可采用两顺一丁或丁顺组砌的砌筑形式，如图 5-46、图 5-47 所示。两顺一丁是两皮顺石与一皮丁石相间。丁顺组砌是同皮内顺石与丁石相间，可一块顺石与丁石相间或两块顺石与一块丁石相间。

6. 毛石挡土墙

（1）每砌 3～4 皮毛石为一个分层高度，每个分层高度应找平一次。

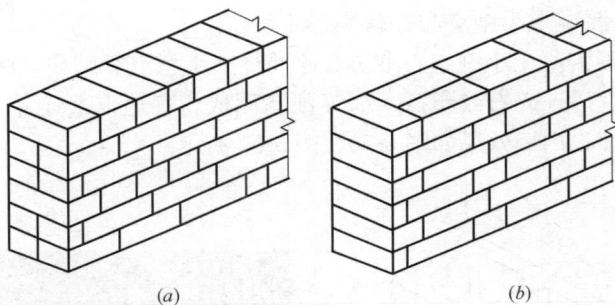

(a)   (b)

图 5-46　料石和砖组合墙

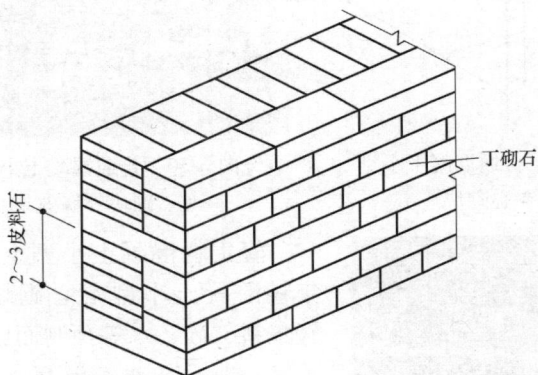

图 5-47　料石墙砌筑形式

（2）外露面的灰缝厚度不得大于 40mm，两个分层高度间分层处的错缝不得小于 80mm。如图 5-48 所示。

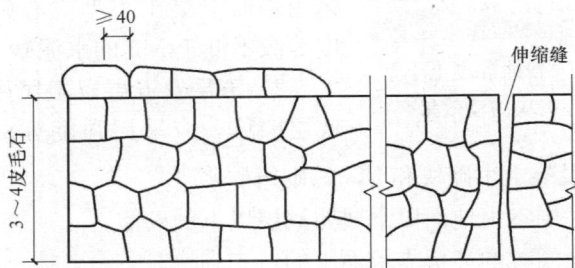

图 5-48　毛石挡土墙立面

7. 混凝土小型空心砌块砌体工程

普通混凝土小型空心砌块普通混凝土小型空心砌块（图 5-49）以水泥、砂、碎石或卵石、水等预制而成。普通混凝土小型空心砌块外墙、内墙效果如图 5-50、图 5-51 所示。

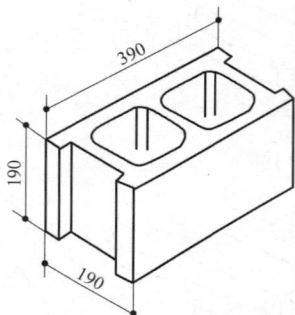

图 5-49　普通混凝土小型
空心砌块

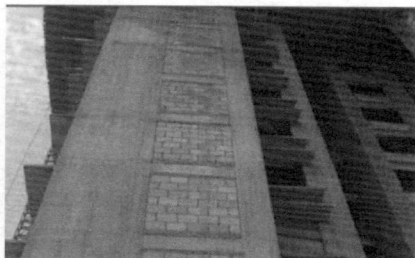

图 5-50　普通混凝土小型空心
砌块外墙效果

轻集料混凝土小型空心砌块轻集料混凝土小型空心砌块以水泥、轻集料、砂、水等预制而成。

一般构造要求混凝土小型空心砌块砌体所用的材料，除满足强度计算要求外，还应符合下列要求：

1）对室内地面以下的砌体，应采用普通混凝土小型空心砌块和强度等级不低于 M5 的水泥砂。

2）五层及五层以上民用建筑的底层墙体，应采用强度等级不低于

图 5-51　普通混凝土小型
空心砌块内墙效果

MU5 的混凝土小砌块和 M5 的砌筑砂浆。

① 底层室内地面以下或防潮层以下的砌体。

② 无圈梁的楼板支承面下的一皮砌块。

③ 没有设置混凝土垫块的屋架、梁等构件支承面下，高度不

应小于 600mm，长度不应小于 600mm 的砌体。如图 5-52 所示。

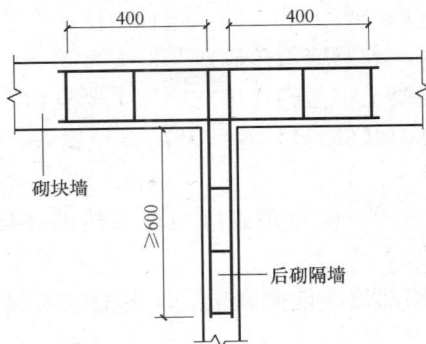

图 5-52　砌块墙与后砌隔墙交接处钢筋网片连接

④ 挑梁支承面下，距墙中心线每边不应小于 300mm，高度不应小于 600mm 的砌体。

夹心墙构造混凝土砌块夹心墙由内叶墙、外叶墙及其间拉结件组成，如图 5-53 所示。内叶墙与外叶墙间设保温层。

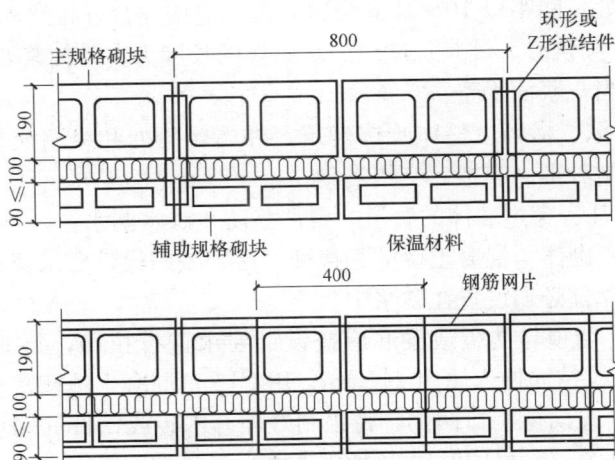

图 5-53　混凝土砌块夹心墙

8. 加气混凝土小型砌块填充墙施工

工艺流程检验墙体轴线及门窗洞口位置→楼面找平→立皮数

杆→凿出拉结筋→选砌块、摆砌块→摞底→按单元砌外墙→砌内墙→砌二步架外墙→砌内墙（砌筑过程中留槎、下拉结网片、安装混凝土过梁）→勾缝或斜砖砌筑与框架顶紧→检查验收。

（1）加气混凝土小型砌块填充墙施工要点：

1）砌筑前应弹好墙身位置线及门口位置线，在楼板上弹上墙体主边线。

2）砌筑前一天，应将预砌墙与原结构的相接处洒水湿润，以确保砌体粘结。

3）将砌筑墙部位楼地面高出底面的凝结灰浆剔除，并清扫干净。

4）砌筑前按实际尺寸和砌块规格尺寸进行排列摆块，不够整块的可以锯裁成需要的规格，但不得小于砌块长度的1/3。

5）砌体灰缝应保持横平竖直，竖向灰缝和水平灰缝均应铺填饱满的砂浆。

6）砌筑前应设立皮数杆，皮数杆应立于房屋四角及内外墙的交接处，间距以10～15m为宜，砌块应按皮数杆拉线砌筑。

7）砌筑时，铺浆长度以一块砌块的长度为宜，铺浆要均匀，厚薄适当，浆面平整。

8）纵、横墙应整体咬槎砌筑，外墙转角处和纵墙交接处应严格控制分批、咬槎、交错搭砌。

9）凡有穿过墙体的管道，要严格防止渗水漏水。

10）砌体与混凝土墙的相接处，必须按照设计要求留置拉结筋或网片且必须设置在砂浆中。

11）墙顶与楼板或梁底应按设计要求进行拉结，每600mm预留18拉结筋伸入墙内240mm，用C15素混凝土填塞密实。

12）在门窗洞口两侧，将预制好埋有木砖或铁件的砌块，按洞口高度在2m以内时每边砌筑3块，洞口高度大于2m时每边砌筑4块的方式进行施工。

13）作为框架的填充墙，当砌至最后一皮砖时（即梁底可采用实心辅助砌块立砖斜砌，如图5-54所示），每砌完一层后，应校

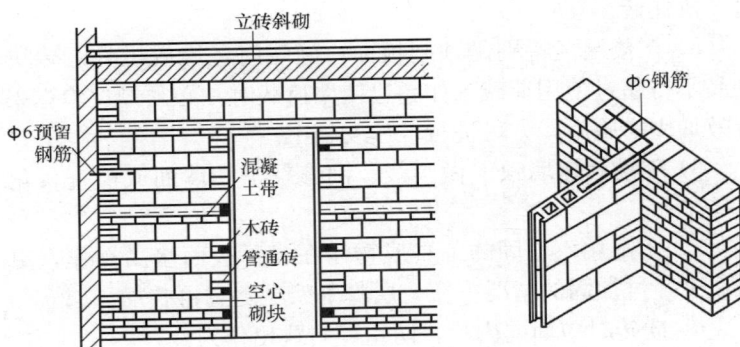

图 5-54　梁底采用实心辅助砌块立砖斜砌

核并检验墙体的轴线尺寸和标高，允许偏差可在楼面上予以纠正。

14）砌好的砌体不能撬动、碰撞、松动，否则应重新砌筑。

（2）填充墙的质量要求：不得改变框架结构的传力路线，准确设置拉结筋，满足抗震要求；砌体灰缝应横平竖直，全部灰缝均应铺填砂浆；砂浆的强度等级应符合设计要求，砌筑砂浆必须搅拌均匀，随拌随用，并应在其技术性能规定的时间内（一般不大于 2.5h）使用完毕，也可采用掺入外加剂等措施延长使用时间，其掺入量应经试验确定；砂浆的稠度宜为 80～90mm，分层度不大于 10mm，水泥混合砂浆拌合物的堆密度不应小于 1800kg/m³。砂浆的粘接性能一般以沿水泥混合砂浆拌合物的堆密度不应小于 1800kg/m³。砂浆的粘结性能一般以沿块体竖向抹灰后拿起转动 360°不掉砂浆为准。加气混凝土砌块的砌体质量应符合验收规范的规定。

1）在操作之前必须检查操作环境是否符合安全要求，道路是否畅通，机具是否完好牢固，安全设施和防护用品是否齐全，经检查符合要求后方可施工。

2）砌基础时，应检查和经常注意基坑的土质变化情况（有无崩裂现象）。

3）墙身的砌体高度超过地坪 1.2m 以上时，应搭设脚手架。

4）脚手架上的堆料量不得超过规定荷载，堆砖高度不得超过 3 皮侧砖。

5）在楼层（特别是预制板面）施工时，堆放机具、砖块等物品不得超过使用荷载（如超过使用荷载时，必须经过验算采取有效加固措施后，方可进行堆放及施工。

6）不准站在墙顶上做画线、刮缝及清扫墙面或检查大角垂直等工作。

7）不准用不稳固的工具或物体在脚手板面垫高操作，更不准在未经过加固的情况下在一层脚手架上随意再叠加一层。

8）砍砖时应面向内打，防止碎砖跳出伤人。

9）用于垂直运输的吊笼、滑车、绳索、制动器等，必须满足负荷要求，牢固无损；吊运时不得超载，并应经常检查，发现问题及时修理。得超载，并应经常检查，发现问题及时修理。

10）用起重机吊砖要用砖笼；吊砂浆的料斗不能装得过满。

11）砖、石运输车在运输时，两车前后的距离在平道上不小于 2m，坡道上不小于 10m。

12）已砌好的山墙，应临时用联系杆（如擦条等）放置于各跨山墙上，使其联系稳定，或采取其他有效的加固措施。

13）冬期施工时，脚手板上如有冰霜、积雪，应先清除后才能上架子进行操作。

14）如遇雨天及每天下班时，要做好防雨措施，以防雨水冲走砂浆，致使砌体倒塌。

15）在同一垂直面内上下交叉作业时，必须设置安全隔板，下方操作人员必须配戴安全帽。

16）人工垂直往上或往下（深坑）转递砖石时，要搭递砖架子，架子的站人板宽度应不小于 600mm。

17）用锤打石时，应先检查铁锤有无破裂，锤柄是否牢固。

18）准在墙顶或架上修改石材，以免振动墙体影响质量或石片掉下伤人。

19）不准徒手移动上墙的料石，以免压破或擦伤手指。

20）不准勉强在超过胸部以上的墙体上进行砌筑，以免将墙体碰塌或上石时失手掉下造成安全事故。

21）石块不得往下掷。

22）已经就位的砌块，必须立即进行竖缝灌浆；对稳定性较差的窗间墙、独立柱和挑出墙面较多的部位，应加临时稳定支撑，以保证其稳定性。应加临时稳定支撑，以保证其稳定性。

23）在砌块砌体上不宜拉锚缆风绳和吊挂重物，也不宜作为临时设施、支撑的支承点，如果确实需要时，应采取有效的构造措施。

24）大风、大雨、冰冻等异常气候之后，应检查砌体是否有垂直度的变化，是否产生了裂缝，是否有不均匀下沉等现象。

9. 钢筋混凝土填心墙施工

钢筋混凝土填心墙可采用低位浇筑混凝土和高位浇筑混凝土两种施工方法。

（1）低位浇筑混凝土法

先竖立受力钢筋，绑扎好水平分布钢筋，并临时固定。再同时砌筑两墙片，每次砌筑高度不超过 600mm，砌筑时按设计要求在砖墙水平灰缝中放置拉结钢筋，拉结钢筋与受力钢筋绑牢。当砌筑砂浆强度达到使墙片能承受混凝土产生的侧压力时，将落入两墙片之间的砂浆和砖渣等杂物清理干净，向墙里侧浇水使其湿润。再分层浇筑混凝土，逐层振捣密实。这一过程反复进行，直至墙体全部完成。如图 5-55 所示。

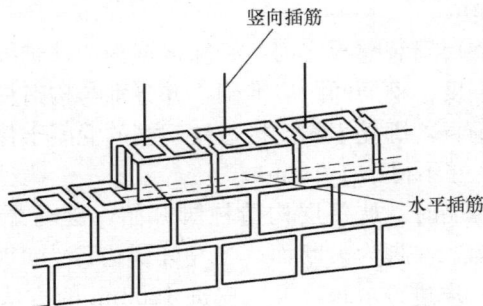

图 5-55　低位浇筑混凝土法

（2）高位浇筑混凝土法

先竖立受力钢筋，绑好水平分布钢筋，并临时固定。再同时砌筑两墙片至全高，但不得超过 3m。两墙片砌筑高度差不应大于墙内拉结钢筋的竖向间距。砌筑时按设计要求在砖墙水平灰缝中设置拉结钢筋，拉结钢筋与受力钢筋绑牢。在一片砖墙的底部要预留若干清理洞，墙片砌完后，从清理洞口中掏出落入两墙片间的砂浆和碎砖等杂物，清理干净后，再用同品种、同强度等级的砖和砂浆将洞口填塞。当砌筑砂浆强度达到使墙片能承受住混凝土产生的侧压力时（不少于 3d），浇水湿润墙片里侧，然后分层浇筑混凝土，逐层振捣密实。

上述两种方法施工时，振捣混凝土宜用插入式振动器。分层浇捣厚度不宜超过 200mm。振动棒不要触及钢筋及砖墙。

10. 构造柱施工

（1）应按下列顺序施工：绑扎钢筋、砌砖墙、支模板、浇捣混凝土。

（2）构造柱的竖向受力钢筋，绑扎前必须作除锈、调直处理。钢筋末端应作弯钩。底层构造柱的竖向受力钢筋与基础圈梁（或混凝土底脚）的锚固长度不应小于 35 倍竖向钢筋直径，并保证钢筋位置正确。

（3）构造柱的竖向受力钢筋需接长时，可采用绑扎接头，其搭接长度一般为 35 位钢筋的直径，在绑扎接头区段内的箍筋间距不应 200mm。

（4）在逐层安装模板之前，必须根据构造柱轴线校正竖向钢筋位置和垂直度。箍筋间距应准确，并分别与构造柱的竖筋和圈梁的纵筋相垂直，绑扎牢靠。构造柱钢筋的混凝土保护层厚度一般为 20mm，并不得小于 15mm。

（5）砌砖墙时，从每层构造柱脚开始，砌马牙槎应先退后进，以保证构造柱脚为大断面。当马牙槎齿深为 120mm 时，其上口可采用一皮进 60mm，再一皮进 120mm 的方法，以保证浇筑混凝土后上角密实。马牙槎内的灰缝砂浆必须密实饱满，其水平灰缝砂浆饱满度不得低于 80%。

(6) 构造柱模板宜用组合钢模板，在各层砖墙砌好后，分层支设。构造柱和圈梁的模板，都必须与所在砖墙面严密贴紧，支撑牢靠，堵塞缝隙，以防漏浆。

(7) 在浇筑构造柱混凝土前，必须将砖墙和模板浇水湿润（钢模板面不浇水，刷隔离剂），并将模板内的砂浆残块、砖渣等杂物清理干净。为了便于清理，可事先在砌墙时，在各层构造柱底部（圈梁面上）留出二皮砖高的洞口，杂物清除后立即用砖砌封闭洞口。

(8) 浇筑构造柱的混凝土，其坍落度一般以 50～70mm 为宜，以保证浇筑密实，亦可根据施工条件，气温高低，在保证浇捣密实情况下加以调整。

(9) 构造柱的混凝土浇筑可以分段进行，每段高度不宜大于 2m，或每个楼层分二次浇筑。在施工条件较好，并能确保浇捣密实时，亦可每一楼层一次浇筑。

(10) 浇捣构造柱混凝土时，宜用插入式振动器，分层捣实。振捣棒随振随拔，每次振捣层的厚度不得超过振捣棒有效长度的 1.25 倍，一般为 200mm 左右。振捣时，振捣棒应避免直接触碰钢筋和砖墙，严禁通过砖墙传振，以免砖墙鼓肚和灰缝开裂。在新老混凝土接槎处，须先用水冲洗、湿润，再铺 10～20mm 厚的水泥砂浆（用原混凝土配合比去掉石子），方可继续浇筑混凝土。

11. 钢筋砖圈梁砌筑要点

(1) 钢筋砖圈梁如兼作门窗过梁，应在砌筑前在门窗洞口上部支设过梁模板，模板面与墙顶相平。如图 5-56 所示。

(2) 砌筑时，先铺一层砂浆，将钢筋置于砂浆层中间，使钢筋上下各有不小于 2mm 厚的砂浆保护层。再按常规方法逐皮砌砖，到上层钢筋处，按同样要求铺设钢筋。

(3) 纵向钢筋如需接长，可采用搭接绑扎接头，搭接长度不小于 30 倍钢筋直径，绑扎不少于三道。

图 5-56　钢筋砖圈梁砌筑

（4）纵向钢筋下面的一皮砖宜采用丁砌。

5.1.13　砌筑要点

（1）抄平砌砖墙前，先在基础面或楼面上按标准的水准点定出各层标高。

（2）放线建（构）筑物的底层墙身可按龙门板上的轴线钉进行定位，将墙身中心轴线放到基础面上，根据控制轴线弹出纵、横墙身中心线与边线，定出门洞口位置。如图 5-57、图 5-58 所示。

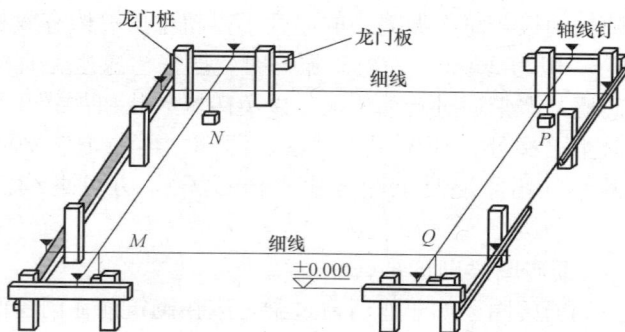

图 5-57　定位放线

（3）摆砖样按选定的组砌方法在墙基顶面的放线位置试摆砖样（生摆，即不铺灰），尽量使门窗垛符合砖的模数，偏差不大时可通过竖缝进行调整，以减小砍砖数量，并保证砖及砖缝排列整齐、均匀，以提高砌砖效率。如图 5-59 所示。

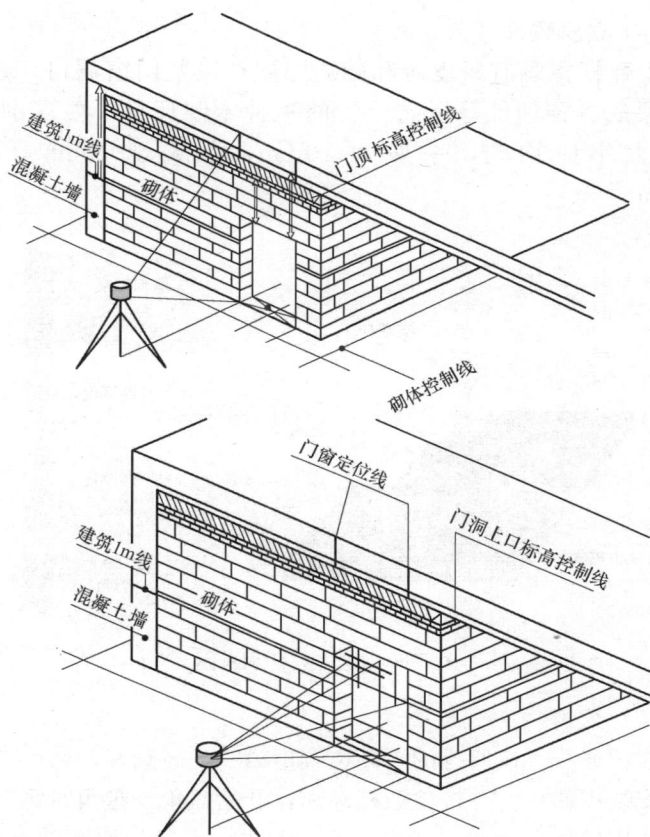

图 5-58　门窗定位控制线

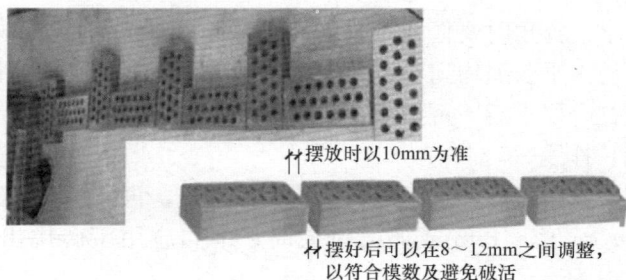

摆放时以10mm为准

摆好后可以在8～12mm之间调整,
以符合模数及避免破活

图 5-59　摆砖样

（4）立皮数杆（图 5-60）

皮数杆指画有每皮砖和砖缝厚度，以及门窗洞口、过梁、楼板梁底、预埋件等标高位置的一种木制标杆。要求砌体的灰缝大小应均匀，一般为 10mm，不大于 12mm，不小于 8mm。

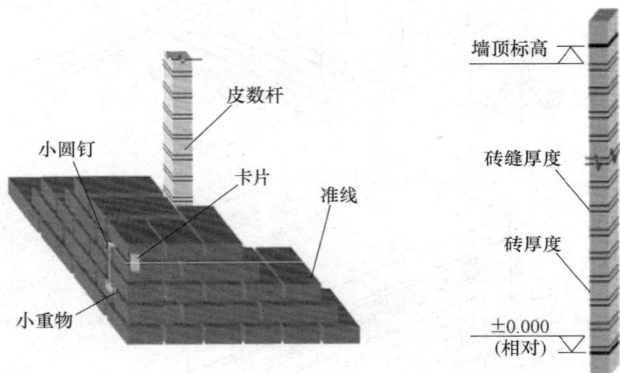

图 5-60　立皮数杆示意图

（5）盘角

先拉通线，按所排的干砖位置把第一皮砖砌好；然后在要求位置安装皮数杆，并按皮数杆标注，开始盘角，盘角时每次不得超过六皮砖高，并按"三皮一吊，五皮一靠"的原则随时检查，把砌筑误差消灭在操作过程中。

要求：盘角时要仔细对照皮数杆的砖层和标高，控制好灰缝大小，使水平灰缝均匀一致。大角盘好后再复查一次，平整和垂直完全符合要求后，再挂线。

（6）挂线

每次盘角以后，就可以在头角上挂准线，再按照准线砌中间的墙身；长度≥15m 或遇大风天时，中间应用丁砖挑出支平。如图 5-61 所示。

要求：挂线要拉紧，每层砖都要穿线看平，使水平缝均匀一致，平直通顺；砌一砖厚墙时宜采用外手挂线，可照顾砖墙两面平整，为下道工序控制抹灰厚度奠定基础。砌二四或三七厚墙时必须双面挂线，可保证砖墙两面平整。

图 5-61　挂线示例

（7）砌砖及放置水平钢筋

砌砖宜采用一铲灰、一块砖、一挤揉的"三一"砌砖法（图 5-62），即满铺、满挤操作法。砌砖时，砖要放平。里手高，墙面就要张；里手低，墙面就要背。砌砖一定要跟线，"上跟线，下跟棱，左右相邻要对平"。水平灰缝厚度和竖向灰缝宽度一般为 10mm，但不应小于 8mm，也不应大于 12mm。皮数杆上要标明钢筋网片、箍筋或拉结筋的设置位置，并在该处钢筋进行了隐蔽工程验收后方可上层砌砖，同时要保证水平灰缝内放置的钢筋网片、箍筋或拉结筋上下至少各有 2mm 的砂浆保护层厚度，再按规定间距绑扎受力及分布钢筋。为保证墙面主缝垂直，不游丁走缝，当砌完一步架高时，宜每隔 2m 水平间距，在丁砖立楞位置弹两道垂直立线，可以分段控制游丁走缝。在操作过程中，要认真进行自检，如出现有偏差，应随时纠正，严禁事后砸墙。砌清水墙应随砌、随划缝，划缝深度为 8～10mm 深浅一致，墙面清扫干净。混水墙应随砌随将舌头灰刮尽。

图 5-62 "三一"砌砖法

（8）留槎

外墙转角处应同时砌筑。内外墙交接处必须留斜槎，槎子长度不应小于墙体高度的 2/3（图 5-63），槎子必须平直、通顺。分段位置应在变形缝或门窗口角处，隔墙与墙或柱不同时砌筑时，可留阳槎加预埋拉结筋。沿墙高按设计要求每 50cm 预埋 Φ6 钢筋 2 根，其埋入长度从墙的留槎处算起，一般每边均不小于 50cm，末端应加 900 弯钩（图 5-64）。施工洞口也应按以上要求留水平拉结筋。隔墙顶应用立砖斜砌挤紧。

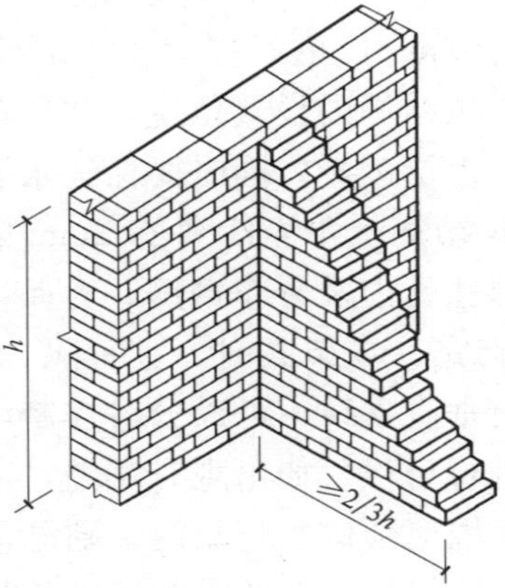

图 5-63 斜槎

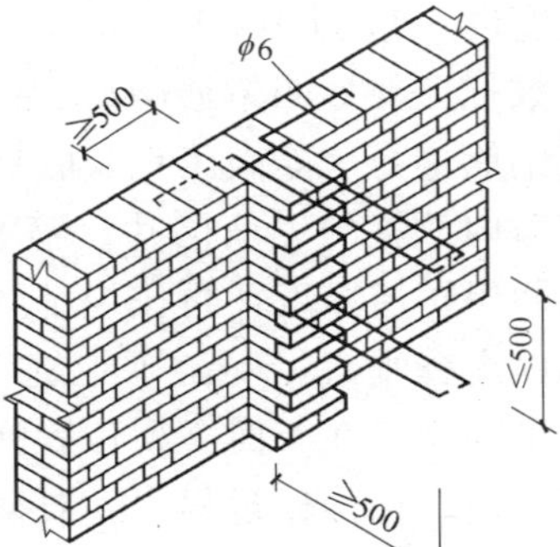

图 5-64 直槎

90

（9）砌筑勾缝流程

1）砌筑勾缝流程如图 5-65 所示。

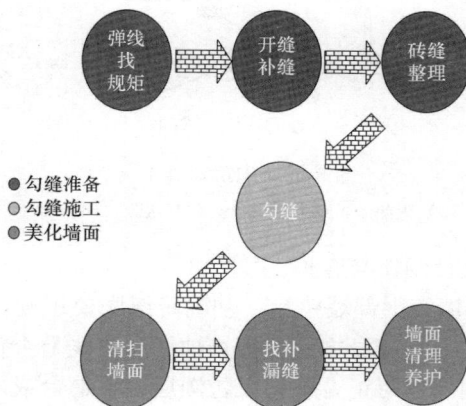

图 5-65　砌筑勾缝流程图

2）砌筑勾缝工具如图 5-66、图 5-67 所示。

3）勾缝方法及要求：

方法：用溜子在砖缝中上下，左右推拉移动，将勾缝砂浆压实，且注意立缝与水平缝的深浅一致。如设计无要求时，一般勾凹缝深度为4～5mm。

要求：墙面勾缝应做到横平竖直，深浅一致，不应有搭接、毛刺。十字缝搭接平整，压实、压光，不得有丢漏。

图 5-66　淋水用的扫帚和水瓶

5.1.14　质量关键要求

（1）砂浆、混凝土配合比不准、强度不够：原材料必须逐车过磅，计量准确，搅拌时间要达到规定的要求，砂浆、混凝土试

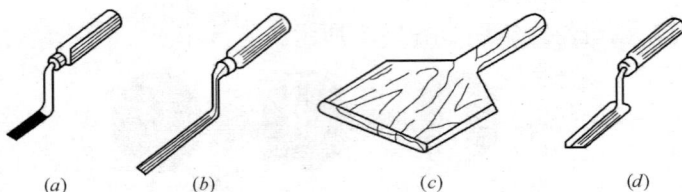

图 5-67　砌筑勾缝工具

(a) 短溜子；(b) 长溜子；(c) 灰板；(d) 抿子

块应有专人负责制作与养护。

（2）基础墙与上部墙错台：基础砖摆底要正确，收退大放角两边要相等，退到墙身之前要检查轴线和边线是否正确，如偏差较小可在基础部位纠正，不得在防潮层以上退台或出沿。

（3）墙面游丁走缝：排砖时必须把立缝排匀，砌完一步架高度，每隔2间距在丁砖立楞处用托线板吊直弹线，二步架往上继续吊直弹粉线，由底往上所有七分头的长度应保持一致，上层分窗口位置时必同下窗口保持垂直。

（4）灰缝大小均匀：立皮数杆要保持标高一致，盘角时灰缝要掌握均匀，砌砖时小线要拉紧，防止一层线松，一层线紧。

（5）砌体的水平灰缝内放置的钢筋网片、箍筋或拉结筋间距不对或遗漏：皮数杆上要标明钢筋网片、箍筋或拉结筋的设置位置，并在该处钢筋进行了隐蔽工程验收后方可上层砌砖，同时要保证水平灰缝内放置的钢筋网片、箍筋或拉结筋上下至少各有2mm的砂浆保护层厚度。

图 5-68　窗口部立缝变活

（6）窗口部立缝变活：墙排砖时，为了使窗间墙、垛排成好活，把破活排在中间或不明显位置，在砌过梁上第一行砖时，不得随意变活。如图5-68所示。

（7）钢筋混凝土填心砖

墙鼓胀：外砖内模墙体砌筑时，在窗间墙上、抗震柱两边分上、中、下留出 6cm×12cm 通孔，在抗震柱外墙面上垫木模板，用花篮螺栓与大模板连接牢固。混凝土要分层浇筑，振捣棒不可直接触及外墙。楼层圈梁外三皮 12cm 砖墙也应认真加固。如在振捣时发现砖墙已鼓胀，则应及时拆掉重砌。

（8）混水墙粗糙：舌头灰未刮尽，半头砖集中使用，造成通缝；一砖厚墙背面偏差较大；砖墙错层造成螺丝墙。半头砖应分散使用在墙体较大的面上。首层或楼层的第一皮砖要查对皮数杆的标高及层高，防止到顶砌成螺丝墙。一砖厚墙应外手挂线。

（9）组合砖砌体中的砂浆或混凝土面层粗糙：砂浆面层应两次涂抹，第一道刮底，隔夜后进行第二道抹面，使面层表面平整；混凝土面层应支设模板，每次支设高度宜为 50～60cm，并分层浇筑，振捣密实，待混凝土强度达到设计强度 30％以上才能拆除模板。

（10）构造柱处砌筑不符合要求：构造柱砖墙应砌成大马牙槎，设置好拉结筋，从柱脚开始两侧都应先退后进，当凿深 12cm 时，宜上口一皮进 6cm，再上一皮进 12cm，以保证混凝土浇筑时上角密实构，造柱内的落地灰、砖渣杂物必须清理干净，防止混凝土内夹渣。

5.2 质量标准

5.2.1 一般规定

（1）砌筑砖砌体时，砖应提前 1～2d 浇水湿润。烧结普通砖含水率宜为 10％～15％。

（2）砌砖工程当采用铺浆法砌筑时，铺浆长度不得超过 750mm，施工期间气温超过 300℃ 时，铺浆长度不得超过 500mm。

（3）砖过梁底部的模板，应在灰缝砂浆强度不低于设计强度的 50％时，方可拆除。

（4）竖向灰缝出现透明缝、瞎缝和假缝。

（5）砖砌体施工时临时间断处补砌时，必须将接槎处表面清理干净，浇水湿润，并填实砂浆，保持灰缝平直。

（6）配筋砖砌体浇灌混凝土前，必须将砌体表面（留槎部位）和模板浇水湿润，将模板内的落地灰、砖渣和其他杂物清理干净，并在结合面处注入适量与混凝土相同的去石水泥砂浆。振捣时，应避免触碰墙体，严禁通过墙体传振。

（7）设置在砌体水平灰缝中钢筋的锚固长度不宜小于 $50d$，且其水平或垂直弯折段的长度不宜小于 $20d$ 和 150mm；钢筋的搭接长度不应小于 $55d$。

5.2.2 主控项目

（1）烧结普通砖砌体的主控项目：

1）砖和砂浆的强度等级必须符合设计要求。

2）砌体水平灰缝的砂浆饱满度不得小于 80%。

3）砖砌体的转角处和交接处应同时砌筑，严禁进行无可靠措施的内外墙分开砌筑施工。

4）对于非抗震设防及抗震设防烈度为 6 度、7 度的地区的砌筑临时间断处，当不能留斜槎时，除转角处外，可留成直槎，但直槎的形状必须做成阳槎。如图 5-69 所示。

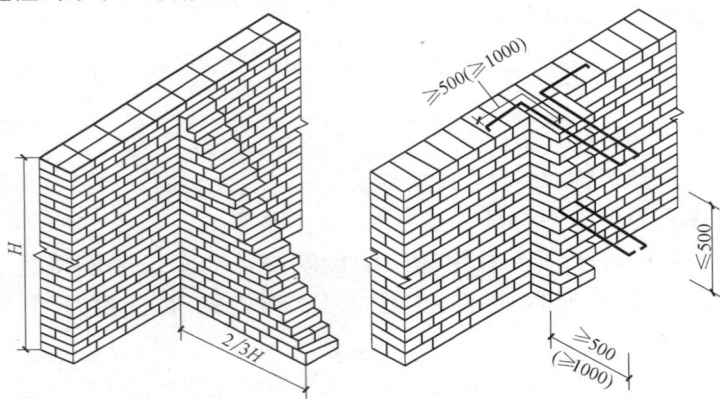

图 5-69　直槎、斜槎示意图

（2）钢筋的品种、规格和数量应符合设计要求。

检验方法：检查钢筋的合格证书、钢筋性能试验报告、隐蔽工程记录。

（3）构造柱、组合砌体构件、钢筋混凝土填心墙的混凝土或砂浆的强度等级应符合设计要求。

抽检数量：各类构件每一检验批砌体至少应做一组试块。

检验方法：检查混凝土或砂浆试块试验报告。

（4）构造柱与墙体的连接处应砌成马牙槎，马牙槎应先退后进，预留的拉结钢筋应位置正确，施工中不得任意弯折。

抽检数量：每检验批抽 20％构造柱，且不少于 3 处。

检验方法：观察检查。

合格标准：钢筋竖向移位不应超过 100mm，每一马牙槎沿高度方向尺寸不应超过 300mm。钢筋竖向和马牙槎尺寸的偏差每一构件柱不应超过 2 处。

（5）构造柱位置及垂直度的允许偏差应符合表 5-5 的规定。

构造柱尺寸允许偏差 表 5-5

项次	项　　目			允许偏差（mm）	抽检方法
1	柱中心线位置			10	用经纬仪和尺检查或用其他测量仪器检查
2	柱层间错位			8	用经纬仪和尺检查或用其他测量仪器检查
3	柱垂直度	每层		10	2m 托线板检查
		全高	≤10m	15	经纬仪、吊线和尺检查，或用其他测量仪器检查
			>10m	20	

抽查数量：每检验批抽 10％，且不应少于 5 处。

（6）砂浆的强度等级必须符合设计要求。检验方法：查砖和砂浆试块试验报告。

（7）砌体水平灰缝的砂浆饱满度不得小于 80％。检验方法：用百格网检查砖底面与砂浆的粘结痕迹面积。每处检测 3 块砖，取其平均值。

（8）砖砌体的转角处和交接处应同时砌筑，严禁无可靠措施的内外墙分砌施工。对不能同时砌筑而又必须留置的临时间断处应砌成斜槎，斜槎水平投影长度不应小于高度的 2/3。检验方法：观察检查。

（9）砖砌体的位置及垂直度允许偏差应符合表 5-6 的规定。

砖砌体的位置及垂直度允许偏差   表 5-6

项次	项 目		允许偏差 (mm)	检 验 方 法
1	轴线位置偏移		10	用经纬仪和尺检查或用其他测量仪器检查
2	垂直度	每层	5	用 2m 托线板检查
		全高 ≤10m	10	用经纬仪、吊线和尺检查，或用其他测量仪器检查

图 5-70　砌体工程平整度检测

砌体工程平整度检测如图 5-70 所示。

5.2.3　一般项目

（1）设置在砌体水平灰缝内的钢筋，应居中置于灰缝中。水平灰缝厚度应大于钢筋直径 4mm 以上，砌体外露面砂浆保护层的厚度不应小于 15mm。

抽检数量：每检验批抽检 3 个构件，每个构件检查 3 处。

检验方法：观察检查，辅以钢尺检测。

（2）设置在潮湿环境或有化学浸蚀介质的环境中的砌体灰缝内的钢筋应采取防腐措施。

抽检数量：每检验批抽检 10% 的钢筋。

检验方法：观察检查。

合格标准：防腐涂料无漏刷（喷浸），无起皮脱落现象。

（3）网状配筋砌体中，钢筋网及放置间距应符合设计规定。

抽检数量：每检验批抽 10%，且不应少于 5 处。

检验方法：钢筋规格检查钢筋网成品，钢筋网放置间距局部剔缝观察，或用探针刺入灰缝内检查，或用钢筋位置测定仪测定。

合格标准：钢筋网沿砌体高度位置超过设计规定一皮砖厚不得多于 1 处。

（4）组合砖砌体构件，竖向受力钢筋保护层应符合设计要求，距砖砌体表面距离不应小于 5mm；拉结筋两端应设弯钩，拉结筋及箍筋的位置应正确。

抽检数量：每检验批抽检 10%，且不应少于 5 处。

检验方法：支模前观察与尺量检查。

合格标准：钢筋保护层符合设计要求结筋位置及弯钩设置 80% 及以上符合要求，箍筋间距超过规定者，每件不得多于 2 处，且每处不得超过一皮砖。

（5）砖砌体组砌方法应正确，上、下错缝，内外搭砌，砖柱不得采用包心砌法。检验方法：观察检查。

（6）砖砌体的灰缝应横平竖直，厚薄均匀。水平灰缝厚度宜为 10mm，但不应小于 8mm，也不应大于 12mm。检验方法：用尺量 10 皮砖砌体高度折算。

（7）砖砌体的一般尺寸允许偏差应符合表 5-7 规定。砖砌体的一般尺寸允许偏差检查示意如图 5-71 所示。

砖砌体一般尺寸允许偏差　　　　　　表 5-7

项次	项　目	允许偏差（mm）	检验方法	抽检数量
1	基础顶面和楼面标高	±15	用水平仪和尺检查	不应少于 5 处

项次	项目		允许偏差（mm）	检验方法	抽检数量
2	表面平整度	清水墙、柱	5	用 2m 靠尺和楔形塞尺检查	有代表性自然间 10%，但不应少于 3 间，每间不应少于 2 处
		混水墙、柱	8		
3	门窗洞口高、宽（后塞口）		±5	用尺检查	检验批洞口的 10%，且不应少于 5 处
4	外墙上下窗口偏移		20	以底层窗口为准，用经纬仪或吊线检查	检验批的 10%，且不应少于
5	水平灰缝平直度	清水墙	7	拉 10m 线和尺检查	有代表性自然间 10%，但不应少于 3 间，每间不应少于 2 处
		混水墙	10		
6	清水墙游丁走缝		20	吊线和尺检查，以每层第一皮砖为准	有代表性自然间 10%，但不应少于 3 间，每间不应少于 2 处

图 5-71　砖砌体的一般尺寸偏差检查

5.2.4 资料核查项目

（1）查水泥、砖、钢筋、砂石等主要材料的出厂合格证，要求为按批量出厂的原件，并有效归档。

（2）查水泥、砖、钢筋砂石等主要材料的进场按批量的见证取样单及复检试验报告单，并有效归档。

（3）查砂浆、混凝土配合比报告单及砂浆、混凝土试块强度检验报告单，并并有效归档。

（4）查施工隐蔽记录、施工日志及分项工程质评记录，并有效归档。

5.2.5 观感检查项目

主要检查砖的组砌方法、留槎、接槎、构造柱、拉结筋、上下错缝、预埋件等是否按规范标准及设计图纸施工。

5.2.6 质量记录

配筋砌块砌体施工质量记录要求完整齐全并有效归档。主要有：

（1）砂浆配合比设计检验报告单见表5-8。

（2）砂浆立方体试件抗压强度检验报告单见表5-9。

（3）水泥检验报告单见表5-10。

（4）混凝土配合比设计检验报告单见表5-11。

（5）混凝土抗压强度检验报告单见表5-12。

（6）混凝土小型空心砌块报告单见表5-13。

（7）普通混凝土用砂检验报告单见表5-14。

（8）钢筋混凝土用钢筋力学性能检验报告单见表5-15。

（9）普通混凝土用碎石或卵石检验报告单见表5-16。

（10）配筋砌体工程检验批质量验收记录见表5-17。

（　　）砂浆配合比设计检验报告　　　表 5-8

检验编号：

工 程 名 称		收样日期		年　月　日
委 托 单 位		成型日期		年　月　日
使 用 部 位		检验日期		年　月　日
样 品 来 源		签发日期		年　月　日
检 验 性 质		龄　期(d)		
见 证 单 位		设计强度等级		
见 证 人		稠　度		
检 验 设 备		检验环境温度		℃
检 验 依 据				

使 用 原 材 料

水泥	产地			砂	产地			
	品种		标号		名称		模数	
掺合料	产地			外加剂	产地			
	品种		含水率		名称		品种	

配 合 比 设 计

每立方米砂浆各材料用量 （kg）	水	水泥	砂	掺合料	外加剂
重量配合比比例	：　　　　　：　　　　　：				

备 注		检验单位
		（盖章）

技术负责：　　　　　　校核：　　　　　　检验：

砂浆立方体试件抗压强度检验报告　　表 5-9

检验编号：

工 程 名 称		收样日期		年　月　日
委 托 单 位		成型日期		年　月　日
使 用 部 位		检验日期		年　月　日
样 品 来 源		签发日期		年　月　日
检 验 性 质		龄　　　期		
见 证 单 位		样 品 尺 寸		
见 证 人		设计强度等级		
检 验 设 备		代 表 批 量		m³
检验环境温度	℃	养 护 方 法		
检 验 依 据				

检　　验　　结　　果

单块抗压强度值（MPa）	该组抗压强度值（MPa）

| 备
注 | | 检
验
单
位 | |

技术负责：　　　　　校核：　　　　检验：

水泥检验报告 表 5-10

检验编号：

工 程 名 称		收 样 日 期		年　月　日
委 托 单 位		检 验 日 期		年　月　日
使 用 部 位		成 型 日 期		年　月　日
样 品 来 源		签 发 日 期		年　月　日
检 验 性 质		送 样 数 量		
厂家等级品种		代 表 批 量		
见 证 单 位		出 厂 编 号		
见　证　人		检验环境温度		℃
检 验 设 备		检验环境湿度		％
检 验 依 据				

序号	检 测 项 目		计量单位	标 准 值	检 验 结 果
1	细度	80μm 方孔筛筛余	％		
		比表面积	m²/kg		
2	凝结时间	初凝	min		
		终凝	h		
3	安 定 性	雷氏法	mm		
		饼法	—		

龄期	标准值(MPa)	单块试件抗折强度值(MPa)	抗折强度平均值(MPa)
（　）d			
28d			

龄期	标准值(MPa)	单块试件抗压强度值(MPa)	抗压强度平均值(MPa)
（　）d			
28d			

检验结论	
备注	检验单位

技术负责：　　　　　校核：　　　　　检验：

表 5-11

（   ）混凝土配合比设计检验报告

检验编号：

工 程 名 称			收 样 日 期		年　月　日
委 托 单 位			试 配 日 期		年　月　日
使 用 部 位			破 型 日 期		年　月　日
样 品 来 源			签 发 日 期		年　月　日
检 验 性 质			龄　　　　期		d
见 证 单 位			设计强度等级		
见　证　人			设计抗渗等级		
稠度	坍落度	mm	搅拌方法	养护 方法	
	维勃稠度	s	捣固方法		
检 验 设 备			检验环境温度		℃
检 验 依 据					

使 用 原 材 料

水 泥	厂家		砂	产地			石	产地		
	品种	等级		品种	模数			品种	粒径	
掺 合 料	产地		外 加 剂	产地						
	品种			品种						

设 计 配 合 比

每立方米砂浆各材料用量（kg）	水	水泥	砂	石	掺料①	掺料②	外加剂	水灰比	砂率 %	稠度（mm 或 s）	抗压强度（MPa）	
											（ ）d	28d
每包水泥配料用量												
重量比例												

备 注	1. 本配合比中的材料用量均为砂、石为干燥状态时的用量。 2. 拌合用水符合 QB 50204—2015 的相应规定	检验单位
		（盖章）

技术负责：　　　　　　　　校核：　　　　　　　　检验：

混凝土抗压强度检验报告　　　　表 5-12

检验编号：

工程名称		收样日期	年　月　日
委托单位		成型日期	年　月　日
使用部位		检验日期	年　月　日
样品来源		签发日期	
检验性质		龄期	d
见证单位		样品尺寸	
见证人		设计强度等级	C
		代表批量	
检验环境温度	℃	养护方法	
检验依据			

检验结果

单块抗压强度值（MPa）	该组抗压强度值（MPa）

备 注		检 验 单 位	（盖章）

技术负责：　　　　　校核：　　　　　检验：

104

混凝土小型空心砌块检验报告　　表 5-13

检验编号：

工程名称		收样日期		年　月　日
委托单位		检验日期		年　月　日
使用部位		签发日期		年　月　日
样品来源		样品名称		
检验性质		强度等级		
见证单位		代表批量		
见证人		生产厂家		
检验依据		检验环境温度		℃

序号	检验项目	计量单位	标准值	检验结果
1	抗压强度平均值	MPa		
2	抗压强度单块最小值	MPa		
3	吸水率	%		
4	相对吸水率	%		
5	水面下降高度（抗渗性）	mm		
6	干燥表观密度	kg/m³		
7	冻后抗压强度损失	%		
8	冻后质量损失	%		
9	抗冻标号	—		
10	碳化系数	—		
11	软化系数	—		

检验结论	
备注	检验单位
	（盖章）

技术负责：　　　　校核：　　　　检验：

105

普通混凝土用砂检验报告

表 5-14

检验编号：

工程名称		收样日期		年 月 日
委托单位		检验日期		年 月 日
使用部位		签发日期		年 月 日
样品来源		检验性质		
产地品种		代表批量		
见证单位		检验设备		
见证人		检验环境温度		℃
检验依据				

项 目	标准值	检验结果	项 目	标准值	检验结果
表观密度(kg/m³)			吸水率(%)		
堆积密度(kg/m³)			有机物含量		
紧密密度(kg/m³)			云母含量(%)		
含泥量(%)			轻物质含量(%)		
泥块含量(%)			坚固性		
氯盐含量(%)			SO₃ 含量(%)		
含水率(%)			碱活性		

颗 粒 级 配

筛孔尺寸(mm)			9.50	4.75	2.36	1.18	0.600	0.300	0.15	检验结果
累计筛余(%)	标准范围	1区	0	10～0	35～5	65～35	85～71	95～80	100～90	细度模数 μ: 砂级配属区
		2区	0	10～0	25～0	50～10	70～41	92～70	100～90	
		3区	0	10～0	15～0	25～0	40～16	85～55	100～90	
	实测值									

检验结论		备注		检验单位	（盖章）

技术负责：　　校核：　　　检验：

钢筋混凝土用钢筋力学性能检验报告   表 5-15

检验编号：

工程名称		收样日期		年　月　日
委托单位		检验日期		年　月　日
使用部位		签发日期		年　月　日
样品来源		样品名称		
检验性质		钢筋牌号直径		
见证单位		表面形状		
见证人		代表批量		
检验环境温度	℃	生产厂家		
检验依据				

序号		检验项目	计量单位	标准值	检验结果	
1	拉伸试验	实测直径	mm		试件 1	试件 2
		屈服点	MPa			
		抗拉强度	Mpa			
		伸长率	％			
2	冷弯	弯曲角度	°			
		弯心直径	mm			

检验结论	
备注	检验单位　　　　（盖章）

技术负责：　　　　校核：　　　　检验：

普通混凝土用碎石或卵石检验报告　　　表 5-16

检验编号：

工程名称		收样日期	年　月　日
委托单位		检验日期	年　月　日
使用部位		签发日期	年　月　日
样品来源		检验性质	
产地品种		代表批量	
见证单位		检验设备	
见证人		检验环境温度	℃
检验依据			

项目	标准值	检验结果	项目	标准值	检验结果
表观密度（kg/m³）			针片状颗粒含量（%）		
堆积密度（kg/m³）			有机物含量		
紧密密度（kg/m³）			坚固性		
吸水率（%）			岩石强度（MPa）		
含水率（%）			压碎指标（%）		
含泥量（%）			SO₃含量（%）		
泥块含量（%）			碱活性		

颗粒级配

筛孔尺寸（mm）		90	75.0	63.0	53.0	37.5	31.5	26.5	19.0	16.0	9.5	4.75	2.36
累计筛余（%）	标准级配范围												
	实测值												
检验结果													

检验结论	备注	检验单位	（盖章）

技术负责：　　　　　　校核：　　　　　　　　　　检验：

108

配筋砌体工程检验批质量验收记录　　表 5-17

工程名称		分项工程名称		验收部位	
施工单位				项目经理	
施工执行标准名称及编号				专业工长	
分包单位				施工班组组长	
	质量验收规范的规定		施工单位检查评定记录	监理(建设)单位验收记录	
主控项目	1. 钢筋品种规格数量				
	2. 混凝土强度等级	设计要求 C			
	3. 马牙槎拉结筋				
	4. 芯柱	贯通截面不削弱			
	5.				
	6.				
	7. 柱中心线位置	≤10mm			
	8. 柱层间错位	≤8mm			
	9. 柱垂直度	每层≤10mm			
		全高(≤10mm)≤15mm			
		全高(>10mm)≤20mm			
一般项目	1. 水平灰缝钢筋				
	2. 钢筋防锈				
	3. 网状配筋及位置				
	4. 组合砌体拉结筋				
	5. 砌块砌体钢筋搭接				
施工单位检查评定结果	项目专业质量检查员：　　　项目专业质量(技术)负责人： 年　　月　　日				
监理(建设)单位验收结论	监理工程师(建设单位项目技术负责人)： 年　　月　　日				

　注：本表由施工项目专业质量检查员填写，监理工程师（建设单位项目技术负责人）组织项目专业质量（技术）负责人等进行验收。

第6章 砌筑工程的季节施工

6.1 冬期施工

6.1.1 材料要求

（1）水泥宜采用普通硅酸盐水泥，标号为 32.5R，水泥不得受潮结块。

（2）普通砖，空心砖，混凝土小型空心砌块，加气混凝土砌块在砌筑前，应清除表面污物、冰雪等，遭水浸后冻结的砖和砌块不得使用。

（3）石灰膏等宜采取保温防冻措施，如遭冻结，应经融化后方可使用。

（4）砂宜采用中砂，含泥量应满足规范要求，砂中不得含有冰块及直径大于 1cm 的冻结块。

（5）砌筑砂浆的稠度，宜比常温施工时适当调整，并宜通过优先选用外加剂方法来提高砂浆的稠度。在负温条件下，砂浆的稠度可比常温时大 1~3cm，但不得大于 12cm，以确保砂浆与砖的粘结力。

（6）砌筑砂浆标号一般不应低于 M2.5，重要部位和结构不应低于 M5，宜采用普通硅酸盐水泥拌制，冬季砌筑不得使用无水泥拌制的砂浆。砂浆掺用的外加剂使用前必须了解其化学成分、性能，使用掺量必须准确。

（7）拌合砂浆时，水的温度不得超过 80℃，砂子的温度不得超过 40℃。使用时砂浆的温度在环境最低气温低于-10℃以内时，不应低于 5℃。当环境气温在-10℃至-20℃时，则不应低于 10℃。砌筑时砖表面与砂浆的温差不宜超过 30℃，石表面与砂浆的温差不超过 20℃。施工时砂浆的稠度一般控制在 9~12cm。

（8）砌体工程的期季施工，可以采用掺外加剂法、冻结法和暖棚法，冻结法施工应事先与设计联系有关加固事宜。一般以掺氯盐热拌砂浆为主。

采用掺盐砂浆时，砌体中配置的钢筋及钢筋预埋件应作防腐处理。采取防腐的做法有：

1）涂刷樟丹二道。

2）涂刷沥青漆。其比例为：30 号沥青：10 号沥青：汽油＝1：1：2。

3）涂刷防锈涂料其比例为：水泥：亚硝酸钠：甲基硅醇钠：水＝100：6：2：30，配好的涂料涂刷在钢筋表面约 1.5mm 厚，干燥后即可使用。

6.1.2　施工方法

（1）砌筑应采用"三一砌筑法"，若采用平铺砂浆时，应使铺灰长度满足砂浆砌筑时的温度不致过低。

（2）严禁使用遭冻结的砂浆进行砌筑。

（3）当室外温度低于＋5℃时，砖、砌块等材料不得浇水，砂浆的搅拌时间也应有所增长，一般为常温搅拌时间的 1.8 倍，约为 2.5～3min。

（4）防止砂浆在搅拌，运输，存放过程中的热量损失可采用下列方法：

1）砂浆的搅拌可在保温棚内（棚内温度在5℃以上）进行，砂浆要随拌随用，存储时间不超过 60min，不可积存和两次倒运。

2）搅拌地点应尽量靠近施工现场，以缩短运距。

（5）砌体的水平及垂直灰缝的厚度应保证在 8～12mm，一般宜控制在 10mm 左右。

（6）控制砌体砌筑高度，每日砌筑高度一般不超过 1.80m。

（7）每天收工前，应将顶面的垂直灰缝填满，同时在砌体表面覆盖保温材料（如草包、塑料薄膜）。

（8）现场的试块的留设应有所增加，且在现场同条件下进行养护，用于检验现场砌筑砂浆的实际强度。

6.2 夏季、雨期施工

6.2.1 雨期施工准备措施

1. 合理安排作息时间

夏季施工作业时间尽量向两端压缩，避开中午的高温，气温过高，停止室外作业，在室内作业时应有通风降温措施。遇较大的暴风雨天气应停止所有的作业，人员撤到安全地方。

2. 做好现场排水

（1）根据施工平面图、排水总平面图，利用自然地形确定排水方向，按规定坡度挖好排水沟，确保排水畅通无阻。

（2）雨期施工现场临近高地，应在高地边挖好排水沟，处理好危石，防止发生滑坡、塌方等灾害。

（3）保证道路畅通，路面根据实际情况分别硬化或加铺砂砾、炉渣或其他材料，并按要求加高起拱。

（4）原材料、成品、半成品的防护。对材料库全面定期检查，及时维修，四周排水良好，墙基坚固，不漏雨渗水，钢材等材料存放采取相应的防雨措施，确保材料的质量安全。

（5）严格按防汛要求设置连续、畅通的排水设施和应急物资，如水泵及相关的器材、塑料布、油毡等材料。

6.2.2 砌体施工

砌体的整体稳定性多取于砂浆等粘结剂以及砌体材料的含水量，这两项都会在雨期施工时受到较大影响。因此在此段时期施工应掌握以下几个要点：

（1）雨期施工不宜使用过湿的砖石，以避免砂浆流失，影响砌体质量，砖在雨期必须集中堆放，不宜浇水。砌墙时要求干湿砖块合理搭配。砖湿度较大时不可上墙。砌筑高度不宜超过 1m。

（2）遇大雨必须停工，墙顶盖一层干砖，避免大雨冲刷灰浆。大雨过后受雨水冲刷过的新砌墙体应翻砌最上面的两皮砖。

（3）稳定性较差的窗间墙、独立砖柱，应加设临时支撑或及时浇筑圈梁，以增加墙体稳定性。

（4）砌体施工时，内外墙要尽量同时砌筑，并注意转角及丁字墙间的连接要同时跟上。遇台风时，应在与风向相反的方向加临时支撑，以保护墙体的稳定性。

（5）砌体砂浆的拌和量不宜过多，应以能满足砌筑需要为宜。拌好的砂浆要注意防止雨水的冲刷。

（6）雨后继续施工，需复核已完工砌体的垂直度和标高；并检查砌体灰缝，对于受雨水冲刷严重的地方必须采取必要的补救措施。

第7章 砌筑施工安全技术及劳动保护

7.1 砌筑工进场安全教育

砌筑工进场安全教育如图 7-1 所示。

图 7-1 砌筑工进场安全教育

图 7-2 佩戴安全帽

图 7-3 禁止酒后上岗

7.1.1　施工现场安全禁令

（1）不戴安全帽，严禁进入施工现场，如图 7-2 所示。

（2）饮酒后严禁进入施工现场，如图 7-3 所示。

（3）带小孩和与工程无关人员严禁进入施工现场。

（4）严禁居住在施工现场。

（5）严禁穿高跟鞋、拖鞋及硬底鞋上班。

（6）严禁从高处向下抛掷任何物体材料，作业人员不准打闹。

（7）电源开关严禁一闸多用，对机械不熟悉的机械作业人员严禁操作机械。

（8）施工现场内严禁烟火、吸烟，如图 7-4 所示。

图 7-4　严禁吸烟、烟火

（9）施工工具、机械严禁乱放。

7.1.2　施工现场安全管理

（1）进入施工现场必须要戴好安全帽、扣好帽带并正确使用个人劳动防护用品。

（2）不准带小孩未成年人与工程无关的人员进入施工现场和

住宿。

（3）进入施工现场时要主动接受门卫和现场管理人员的安全检查。

（4）不准酒后和带有情绪上班。

（5）在上下班途中和在施工现场时不准打、闹、跳、争、吵，上下班要遵守交通规则，在施工现场要遵守安全管理制度。

（6）进入施工现场不准赤脚，穿高跟鞋、拖鞋进入施工现场，高处作业不准穿硬底鞋和带钉易滑鞋。

（7）不准进入深基坑、孔洞边、电梯井处去。

（8）施工现场所有机械不准随意去开、关闸，对本工程所用的机械要叫施工现场专业电工接线和拆线。

（9）不准各作业人员私拉乱接线。

（10）不准进入其他栋号工程的施工区域、办公室、库房。

（11）不准随便进入本项目栋号工程的库房、办公室。

（12）不准站在吊装区域内，本区域有吊装的桩头和材料要有信号工指挥。

（13）进入施工现场内不准有偷盗行为，若一经发现送交公安部门处理。

（14）现场要注意防火，在施工现场不能随便丢烟头和明火。

（15）现场内不准私拉乱接，不准靠近配电室、总配电箱、分配电箱、开关箱，对现场所有施工线路若发现有断裂、暴露、脱落现象要及时告诉现场专业电工和项目管理人员。

（16）不准将易燃、易爆等危险物品带入施工现场，若一经发现送交公安部门处理。

（17）不准带亲戚、朋友、小孩、未成年人、逃犯等和与工程无关的人员在工地住宿。

7.1.3 班组安全活动纪律

（1）进入施工现场必须戴好安全帽。

（2）不准酗酒闹事。

（3）不准穿拖鞋和高跟鞋，禁止在脚手架上攀爬。

（4）不准随意挪动脚手架，禁止从高处往下扔东西，严格执行各种操作规程。

凡违背上述纪律，按规定给予处罚。

7.1.4 正确使用安全防护装置及个人劳动保护用品

（1）进入施工现场必须戴上安全帽。

（2）高空作业时必须系好安全带。

（3）不准穿拖鞋、高跟鞋进入施工现场。

凡违背上述纪律，按规定给予处罚。

7.1.5 本岗位易发生事故的不安全因素及其防坠落对策

（1）不准站在墙顶上划线、刮缝、行走。

（2）砍砖时应面向内打，注意碎砖跳击伤人。

（3）清扫墙面或检查大角垂直不准用不稳当的工具或物体在脚手板面垫高操作。

（4）保持道路畅通，机具是否完好，注意土质变化。

凡违背上述纪律，按规定给予处罚。

7.2 施工安全操作规程

（1）上下脚手架应走通道，严禁站在墙身上筑墙、划线（勒缝）检查大角垂直度和清扫墙面等工作或在墙身上行走。

（2）砌墙应搭专用脚手架，不准用砖垛或模板等搭设临时脚手架，如图 7-5 所示。

图 7-5　砖垛和模板等搭设的违规脚手架

图 7-6 脚手板堆放的砖、砌块材料

（3）脚手板堆放的砖、砌块材料距离墙身不小于50cm，荷重不得大于270kg/m²，且侧放时不得超过三层。如图 7-6 所示。

（4）砌砖使用的工具应放在稳妥的地方，图 7-7 所示。辗转应面向墙角，不得向墙外砍砖。工作完毕应将脚手板和墙上的碎砖、灰浆清扫干净，防止掉落伤人。

（5）化灰池四周应设围栏，其高度不得小于 1m。

（6）吊装砌块夹具应经试验检查，应安全、灵活、可靠，方可使用。

（7）砌块在楼面卸下堆放时，严禁倾卸及撞击楼板。在楼板上堆放砌块，宜分散堆放，不得超过楼板的设计允许承载能力。

图 7-7　砌砖工具

（8）砌块安装时，不得站在墙上指挥和操作，不准随意在墙上设置受力支撑或拉缆绳等，如图 7-8 所示。

（9）操作过程中，对稳定性较差的窗间墙、独立柱等部分，应适当加设临时支撑。

图 7-8　蹲在墙上的违规操作

（10）当楼层砌到标高时，应即吊装楼盖，使墙体保持稳定。未安装楼板的墙体，在大风天时，宜加设适当临时支撑，保证其稳定性。

（11）工人操作应戴安

全帽（图 7-9），高空作业应系安全带（图 7-10）；采用内脚手施工时，在二层楼面以上，应在房屋外墙四周设安全绳网（图7-11），并随施工高度逐层提升，屋面工程未完不得拆除。

图 7-9 施工时应佩戴安全帽

图 7-10 高空作业应系安全带

图 7-11 墙四周设安全绳网